多旋翼无人机的设计与制作

主　编　陆元杰　李　晶
副主编　项建峰　李　飚

电子工业出版社

Publishing House of Electronics Industry

北京·BEIJING

内 容 简 介

本书从对无人机的认识到各电子元件的应用,从结构件的设计到机械加工,再从固件程序的写入到无人机的试飞,涵盖了多旋翼无人机设计与制作的所有内容。本书以项目为载体,在项目介绍和实验过程中逐步讲解三维建模、机械加工、电子装调、3D 打印以及无人机应用等相关知识并提升学生的动手能力。

本书内容贴合实际,简单易懂,适合中职机电、无人机等相关专业的学生,也非常适合无人机爱好者阅读。

未经许可,不得以任何方式复制或抄袭本书之部分或全部内容。
版权所有,侵权必究。

图书在版编目(CIP)数据

多旋翼无人机的设计与制作 / 陆元杰,李晶主编. —北京:电子工业出版社,2020.8
ISBN 978-7-121-39298-6

Ⅰ. ①多… Ⅱ. ①陆… ②李… Ⅲ. ①无人驾驶飞机-设计②无人驾驶飞机-制作 Ⅳ. ①V279

中国版本图书馆 CIP 数据核字(2020)第 131020 号

责任编辑: 祁玉芹
文字编辑: 张豪
印　　刷: 中国电影出版社印刷厂
装　　订: 中国电影出版社印刷厂
出版发行: 电子工业出版社
　　　　　北京市海淀区万寿路 173 信箱　邮编: 100036
开　　本: 787×1092　1/16　印张: 11.25　字数: 274 千字
版　　次: 2020 年 8 月第 1 版
印　　次: 2024 年 1 月第 4 次印刷
定　　价: 35.00 元

凡所购买电子工业出版社图书有缺损问题,请向购买书店调换。若书店售缺,请与本社发行部联系,联系及邮购电话:(010)88254888,88258888。
质量投诉请发邮件至 zlts@phei.com.cn,盗版侵权举报请发邮件至 dbqq@phei.com.cn。
本书咨询联系方式: qiyuqin@phei.com.cn。

前言

随着自动控制技术的发展,多旋翼无人机迅速在我们的生活与工作中普及开来。无论是进行空中勘察、小型物品运输、环境或实地搜索,还是空中摄影与航拍,都可以很方便地体验无人机所带来的乐趣。作者第一次接触无人机是在2011年左右,当时国内对于无人机知晓的人不多,主流的飞行控制器主要有APM、CC3D、WMC、QQ。但是随着应用领域的不断推广,各个领域开始出现无人机的身影,大众对无人机有了一定的了解,也聚集了一大批无人机从业人员和爱好者,同时出现了全世界最大的无人机公司——大疆(DJI),占领了民用无人机80%左右的市场份额。

目前国内设计与制作无人机比较成功的公司有很多,如大疆、亿航、零度、极飞等。市面上有多款不同的无人机可供选购,价格从上千元至上万元不等,属于中高端消费品。对于许多学生来说,购买优质无人机在经济方面仍不宽裕。那么,作为学生如果想体验无人机,该怎么办呢?其实,自己可以亲手制作一款无人机来体验设计与飞行的乐趣。

无人机对零基础的人来说,同样可以操作,但要设计和制作出一款属于自己的无人机,就需要非常多的知识与技能来支撑了。作为职业类学校的学生,特别是机电、航空等相关专业的学生,可以通过多旋翼无人机平台将日常所学的知识融会贯通、学以致用。本书阐述了多旋翼无人机的基本原理、常规四旋翼无人机设计的基本流程,对飞行过程中的注意事项、操作方法以及如何规避风险也进行了讲解。

这是一本介绍无人机设计与制作的入门教材,旨在普及无人机的设计知识、飞行原理以及现代智能制造等内容。本书的内容基于无人机方面的书籍和无人机飞行的经验,这些都是十分难得的资料,因此可以作为无人机飞行初学者的基础教程,也可以作为以拓宽知识面、开拓思路为主要目的的广大无人机爱好者的学习资料。

由于编者水平有限,时间仓促,书中疏漏之处在所难免,敬请广大读者朋友不吝批评指正,我们将适时提供勘误信息或在书籍再版时修正。

编 者

2020年7月

目 录

第 1 章　无人机简介 ·· 1

1.1　航空模型的历史 ·· 1
1.2　无人机与航模的区别 ·· 3
1.3　无人机的分类 ·· 4
1.4　无人机的使用安全 ··· 5
复习与思考 ··· 7

第 2 章　多旋翼无人机机架设计 ··· 8

2.1　初识 SOLIDWORKS ·· 9
2.1.1　SOLIDWORKS 基本操作 ··· 9
2.1.2　SOLIDWORKS 用户界面 ··· 11
2.2　机臂设计 ·· 15
2.3　管夹设计 ·· 17
2.4　电机设计 ·· 22
2.5　电机座设计 ··· 28
2.6　GPS 支架设计 ·· 29
2.7　中心板及挂载板设计 ·· 34
2.8　脚架设计 ·· 37
2.9　桨叶设计 ·· 40
2.10　总体装配 ·· 45
复习与思考 ··· 51

第3章 多旋翼无人机机架生产与加工 · 52

- 3.1 初识 NcStudio · 52
- 3.2 NcStudio 基本操作 · 52
- 3.3 碳纤维板加工 · 66
- 3.4 初识 Cura · 74
  - 3.4.1 Cura 首次启动设置向导 · 74
  - 3.4.2 模型的载入和查看 · 76
  - 3.4.3 模型的调整 · 81
  - 3.4.4 基础切片设置 · 84
  - 3.4.5 高级切片设置 · 86
  - 3.4.6 输出 Gcode 文件 · 87
  - 3.4.7 结束语 · 88
- 3.5 3D 打印机的基本应用 · 88
  - 3.5.1 连接打印机 · 88
  - 3.5.2 手动控制打印机 · 90
  - 3.5.3 上传、下载 Gcode 文件 · 91
  - 3.5.4 打印 Gcode 文件 · 91
- 3.6 脚架等辅助部件的加工 · 91
- 复习与思考 · 95

第4章 多旋翼无人机电气控制系统的设计 · 96

- 4.1 无刷电机 · 96
- 4.2 电子调速器 · 97
- 4.3 舵机 · 98
- 4.4 航空电池 · 101
- 4.5 平衡充电器 · 103
- 4.6 无线电遥控 · 104
- 4.7 飞行控制系统 · 106
- 复习与思考 · 107

第5章 多旋翼无人机开源控制系统的应用 ········ 108

- 5.1 初识 Pixhawk ········ 108
- 5.2 固件的更新与刷写 ········ 112
- 5.3 机架类型设置 ········ 117
- 5.4 初始化校准 ········ 118
- 5.5 试解锁检查 ········ 129
- 5.6 电调校准 ········ 131
- 5.7 飞行模式设置 ········ 132
- 5.8 电流计的使用 ········ 140
- 5.9 GPS 的使用 ········ 141
- 5.10 数传和 OSD ········ 142
- 5.11 自动调参 ········ 145
- 5.12 自动微调和手动微调 ········ 147
- 复习与思考 ········ 147

第6章 多旋翼无人机飞行 ········ 149

- 6.1 起飞与降落练习 ········ 149
- 6.2 升降练习 ········ 150
  - 6.2.1 上升练习 ········ 150
  - 6.2.2 下降练习 ········ 150
- 6.3 俯仰练习 ········ 150
  - 6.3.1 俯冲练习 ········ 151
  - 6.3.2 上仰练习 ········ 151
- 6.4 偏航练习 ········ 151
  - 6.4.1 左偏航练习 ········ 151
  - 6.4.2 右偏航练习 ········ 152
- 6.5 手动飞行 ········ 152
  - 6.5.1 直线飞行 ········ 152
  - 6.5.2 曲线飞行 ········ 152
- 6.6 自动飞行 ········ 153

6.6.1 TAKEOFF 起飞 ……………………………………………………… 154
6.6.2 WAYPOINT 航点 ……………………………………………………… 154
6.6.3 SPLINE WAYPOINT 曲线航点 ……………………………………… 155
6.6.4 LOITER_TIME 定点延时 …………………………………………… 156
6.6.5 LOITER_TURNS 定点绕圈 ………………………………………… 156
6.6.6 LOITER_UNLIMITED 等待处理 …………………………………… 156
6.6.7 RETURN-TO-LAUNCH 自返 ……………………………………… 157
6.6.8 LAND 自主降落 ……………………………………………………… 157
6.6.9 Do-SET-ROI 兴趣热点 ……………………………………………… 157
6.6.10 CONDITION-DELAY 条件延迟 …………………………………… 158
6.6.11 CONDITION-DISTANCE 条件距离 ……………………………… 159
6.6.12 CONDITION-YAW 条件指向 ……………………………………… 159
6.6.13 DO-JUMP 执行跳转 ………………………………………………… 159
6.6.14 DO-CHANGE-SPEED 变更速度 …………………………………… 160
6.6.15 DO-SET-CAM-TRIGG-DIST 距离快门 …………………………… 160
6.6.16 DO-SET-RELAY 继电器 …………………………………………… 160
6.6.17 DO-REPEAT-RELAY 重复继电器 ………………………………… 161
6.6.18 DO-SET-SERVO 舵机 ……………………………………………… 161
6.6.19 DO-REPEAT-SERVO 重复舵机 …………………………………… 161
6.6.20 DO-DIGICAM-CONTROL 快门控制 ……………………………… 162
复习与思考 ………………………………………………………………………… 162

附录 A　Pixhawk 标准参数 …………………………………………………… 163

附录 B　硅胶线参数 …………………………………………………………… 169

附录 C　常用接口参数 ………………………………………………………… 170

附录 D　常用电机参数 ………………………………………………………… 171

附录 E　Pixraptor 引脚接线定义 ……………………………………………… 172

第1章 无人机简介

无人驾驶飞机简称"无人机"（Unmanned Aerial Vehicle，UAV），是利用无线电遥控设备和自备的程序控制装置操纵的不载人无人机。机上无驾驶舱，但安装有自动驾驶仪、程序控制装置等设备。地面、舰艇上或母机遥控站的人员可以通过雷达等设备，对其进行追踪、定位、遥控、遥测和数字传输，可在无线电遥控下像普通无人机一样起飞或用助推火箭发射升空，也可由母机带到空中投放飞行。回收时，既可采用与普通无人机着陆过程一样的方式自动着陆，又可通过遥控用降落伞或拦网回收，可反复使用，广泛应用于空中侦察、监视、通信、反潜、电子干扰等。

与载人无人机相比，无人驾驶飞机具有体积小、造价低、使用方便、对作战环境要求低、战场生存能力较强等优点，备受世界各国军队的青睐。在以往几场局部战争中，无人驾驶飞机以其准确、高效和灵便的侦察、干扰、欺骗、搜索、校射及在非常规条件下作战等多种作战能力，发挥着显著的作用，并引发了军事学术、装备技术等相关问题的深入研究。它将与孕育中的武库舰、无人驾驶坦克、机器人士兵、网络部队攻防、天基武器、激光武器等一道成为21世纪陆战、海战、空战、网络战舞台上的重要角色，对未来的军事斗争带来深远的影响。

一些专家预言未来的空战，将是具有隐身特性的无人驾驶飞机与防空武器之间的作战。但由于无人驾驶飞机属于军事研究领域的新生事物，实战经验少，各项技术不够完善，使其作战应用还只局限于高空电子及照相侦察等方面，并未完全发挥出应有的巨大战场影响力和战斗力。因此，世界各军事大国都在加紧进行无人驾驶飞机的研制工作。根据实战的检验和未来作战的需要，无人驾驶飞机将在更多方面得到更快的发展。

1.1 航空模型的历史

航空模型（简称"航模"）是各种模型航空器的总称，多为遥控器控制的模型无人机，也有线操纵、自由飞等非遥控类，操作航模飞行也被称为航模运动。航模飞行的操作原理与真无人机的相同，因此操控比较困难。

人类自古以来就幻想着飞行。昆虫、鸟禽、风吹起树叶和上升的炊烟都曾唤起过人类飞行的遐想。西汉的刘安在《淮南子》中记载着后羿的妻子嫦娥偷食了长生药而飞上月宫的美妙故事;敦煌莫高窟壁画中的"飞天",讲述了一位婀娜多姿的美丽少女,潇洒飘逸,衣袖一甩,飘然而上,畅游于天地之间;还有黄帝乘龙升天、唐明皇遨游月宫等,都反映了古人对飞行的追求和向往。

(1)春秋战国时期的鲁班和墨子,曾分别在不同的时间制作过一种木鸟,称为"木鸢",如图1-1所示。《韩非子》中记载着"墨子为木鸢,三年而成,飞一日而败。"

(2)风筝是中国在2000多年前发明的(相传发明者是西汉初期的韩信)。

(3)相传在五代时期(另一说法是三国时期孔明发明的)出现的"七娘灯"(或称松脂灯、孔明灯),其原理后用于军事上的热气球。

(4)东汉时期的张衡制作了木鸟;宋朝李昉等人编的《太平御览》中也有"张衡尝作木鸟,假以羽翮,腹中施机,能飞数里"的记载。

(5)明朝《武备志》:"火龙出水",是两级火箭的雏形,可视作喷气式火箭。

(6)竹蜻蜓(西方人士见到它后,将其称为"中国陀螺",距今有400余年),如图1-2所示。

图1-1 木鸢

图1-2 竹蜻蜓

唐代以后,我国的风筝传到国外,在世界上流传开来。西方有人用风筝做飞行试验,探索制造无人机的可能。美国的莱特兄弟是世界上第一架无人机的制造者,他们的无人机在1903年12月17日试飞成功。他们先用大风筝进行种种试验,然后制造出了滑翔机,解决了升降、平衡、转弯等问题,最后才把无人机制造成功。在无人机发明之前,航模具有强烈的探索性质;在无人机发明之后,航模仍然是研究航空科学的必要工具。新无人机的试制,要先在风洞里用模型进行试验;航天无人机这样先进的航空器,更要经过模型试验阶段,取得必要的数据,才能获得成功。

航模的种类是非常多的。从构造上看,有用一张纸、几分钟就能制作好的最简单的纸模型无人机,也有要用上千个零件、花几千个工时才能制作好的无线电遥控仿真模型无人机;从性能上看,有仅能飞几米远、在空中停留几秒钟的模型,也有能飞几百千米、在空中停留几十小时的模型。这些种类繁多、性能各异的模型,为不同年龄、不同条件的航模爱好者提供了广泛的选择余地。

先进的航模是按照严谨的科学原理设计出来的，简易的航模同样按照科学原理进行设计。没有科学知识，不按科学规律办事是很难把航模制作出来并放飞成功的。开展航模活动要用到材料学、结构学、工艺学、空气动力学、电子学和发动机科学等多方面的知识和技术。知识面广和技术性强是航模活动区别于其他活动的显著特点。

航模活动在世界各国开展得非常普遍，一些发达国家，活动更为频繁。很多国家有专门指导开展这项活动的组织机构。这些机构大致有三种形式：一是完全由国家设置的专门的组织机构，负责管理全国的航模活动；二是半官方性质的组织机构，管理全国航模活动的机构由国家设置，对外代表本国参加国际航联，会员自愿参加，活动经费除部分由国家承担外，主要由会员和一些生产航模器材的厂商捐助。除国际活动外，国内活动基本属于民办性质。还有一种形式，完全是民办性组织的民间团体。

航模活动的世界性组织为国际航空联合会下属的国际航空模型委员会，总部设在法国巴黎，负责安排世界竞赛、修改规则和审批世界纪录等工作。目前已有五十多个会员国，我国于1978年10月被正式接纳为会员。世界性航模比赛十分活跃，项目繁多。目前世界比赛已发展到7个大项，每个大项每两年举行一次世界锦标赛，每年有3至4次世界锦标赛。此外还有区域性的比赛，如欧洲、美洲等的洲际比赛。较大的国际性比赛，每年多达三十多次。开展航模活动较好的国家有俄罗斯、美国、匈牙利、联邦德国、瑞典、法国、丹麦、日本、英国、朝鲜和中国等。

我国航模活动起步晚，虽然曾大力普及和发展航模活动，但有段时间发展速度缓慢，使我国航模活动的发展相对落后不少，在近几年发展相对较快。

初学者学习航模知识可在各大论坛学习或与模友直接交流。国内较知名的航模论坛有5iMX、5iRC、mx3g等，内有相关设备的使用板块、各类无人机的技术交流板块等；也有相关的贴吧以及分布在各地的俱乐部或协会等，都比较适合学习以及技术交流。

1.2 无人机与航模的区别

近几年，无人机逐渐被大众所熟知，普及度越来越高。无人机和航模这两个名词出现在各种场合，有些市民把无人机、航模都称为无人机，把这两者混为一谈，那么这两者到底有什么区别呢？下面，我们从定义、飞控系统、自动控制、组成、用途、管理六个方面来梳理这两者之间的区别。

1. 定义不同

目前，我国对航模的定义是要求能在视距范围内，即飞行的距离不得超过500m，飞行的高度不得超过120m，并且有尺寸限制，航模有带动力和不带动力两种模式。无人机完全不同，它是一种由无线电遥控设备或自身程序控制装置操纵的无人驾驶飞机，可以完全不用遥控器，通过计算机、地面站、地面控制系统来指挥，能飞到几千公里以外。现在已知的无人机的最大续航时间超过了48小时，这是普通航模远远达不到的。

2. 飞控系统不同

两者唯一的区别在于，是否有导航飞控系统，能否实现自主飞行。通俗来说，无人机通过复杂的中央飞控系统，与地面控制系统进行交互，从而控制无人机的姿态、方向、速度等，实现自主飞行。航模虽然也是无人驾驶，但是在操控手的视距范围内由操控手遥控实现机动和姿态的调整。无人机本身仿佛是带了"大脑"飞行，因无人机的"大脑"受限于人工智能，没有人员直接控制那样方便；航模的"大脑"始终是在地面，在操纵人员的手上。

3. 自动控制不同

在自动控制方面，无人机能够智能应对各种情况，要求执行任务，与地面站进行数据融合和任务确认，并要求进行下一步操作，而大多数航模的自动控制只能实现失控后自动返航。

4. 组成不同

无人机比航模要复杂。航模由飞行平台、动力系统、视距范围内的遥控系统组成，主要是为了大众学习和观赏，追求的是外表的仿真或飞行优雅等，科技含量并不高。无人机系统由飞行平台、动力系统、飞控导航系统、链路系统、任务系统、地面站等组成，主要是为了完成特定的任务，追求的是系统任务的完成能力，科技含量高。部分高档的航模和低档的无人机在飞行平台、动力系统部分并无太大区别。

5. 用途不同

无人机多执行"超视距"任务，目前主要应用于军用与特种民用，最大任务半径能达到上万公里；通过机载导航飞控系统，实现自主飞行；通过链路系统，上传控制指令和下达任务信息。航模通常在视距范围内飞行，控制半径小于800m，操作人员目视无人机，通过手中的遥控发射机操纵无人机，机上一般没有任务设备。很多无人机系统也有类似航模的能力，可以在视距范围内直接遥控操作。

6. 管理不同

在我国，航模由国家体育总局下属的航空无线电模型运动管理中心管理，民用无人机由中国民用航空局（简称民航局）统一管理，军用无人机由军方统一管理。

1.3 无人机的分类

如何对无人机进行分类，民航局近年有过多个规定。民航局官网公开文件显示，2013年民航局飞行标准司（简称"飞标司"）下发了《民用无人驾驶航空器系统驾驶员管理暂行规定》（简称《管理规定》），指出"无人机系统分类繁杂，所适用的空域远比有人驾驶航空器广阔，因此有必要实施分类管理。"其中，将无人机按空机质量分成微型、轻型、小型、大型四种。对于学习和想要了解无人机的人来说,主要知道以下两种分类就可以了。

1. 按平台类型分类

按平台类型分类,无人机主要有固定翼无人机、无人直升机和多旋翼无人机。其他小种类无人机平台还包括伞翼无人机、扑翼无人机和无人飞船等。

(1) 固定翼无人机是军用和多数民用无人机的主流平台,最大的特点是飞行速度较快。

(2) 无人直升机是灵活性最强的无人机平台,可以原地垂直起降和悬停。

(3) 多旋翼(多轴)无人机是消费级和部分民用无人机的首选平台,灵活性介于固定翼和直升机之间(起降需要推力),但操纵简单、成本较低。

2. 按使用领域分类

按使用领域分类,无人机可分为军用、民用和消费型三大类,性能要求各有偏重。

(1) 军用无人机对于灵敏度、飞行高度和速度、智能化等有着更高的要求,是技术水平最高的无人机,用途包括侦察、诱饵、电子对抗、通信中继、靶机和无人战斗机等机型。

(2) 民用无人机一般对于速度、升限和航程等要求都较低,但对于人员的操作培训、综合成本的要求较高,因此需要形成成熟的产业链,提供尽可能低廉的零部件和支持服务。目前来看,民用无人机最大的市场在于政府公共服务的提供,如警用、消防、气象等,约占到总需求的70%。而未来无人机潜力最大的市场可能就在民用,新增的市场需求可能出现在农业应用、货物速运、空中无线网络、数据获取等领域。

1.4 无人机的使用安全

现在市面上的无人机玩具非常多,打开购物网站搜索一下,小的只有手掌大小,价格从几十元到几千元不等,大的上万元甚至几十万元。当然在功能和性能上也是有所不同的,对于管理来说,它们在本质上没什么不同。但是大家千万不要放松警惕,如果在不允许飞行的地方使用,可能会违反相关法律或规定,严重者还可能被相关部门处罚甚至拘留。玩无人机就被拘留显得很不合理,但出于各方面的安全考虑,严格管理是合情合理的。

1. 无人机飞行要求

根据《无人机惯例暂行规定》,无人机只能在三种特殊且没有审批的情况下飞行。
(1) 室内运行的无人机。
(2) 在视距范围内,也就是高度120m以下、视线范围内500m以内运行的微型无人机,且裸机质量不得大于7kg。
(3) 在人烟稀少,空旷的非人口稠密区进行试验的无人机。

无人机飞行是要求有驾照的,不过根据《轻小型无人机运行(试行)规定》显示,规定"7kg以下、高度120m以下、500m范围内的可视飞行"等标准下的无人机驾驶员无须取得驾照。消费级航拍无人机的影响并不明显,比如大疆的精灵3、相对专业级的大疆悟系列、亿航的ghost系列等,质量均在1.2kg和3kg之间。

那么，什么样的无人机需要驾照呢？很显然就是裸机质量（未悬挂摄像头等配件）超过 7kg 的无人机。目前市场上一共有两种证，一种是 AOPA 颁发的，另一种是 ASFC 颁发的。AOPA 和 ASFC 两者都是协会，本质上没有区别。前者属于民航局，后者属于体育总局。

不过需要注意的是它们的管辖范围不同，超视距飞行且空机质量大于等于 7kg 的无人机受 AOPA 管制，其余的无人机和航模在需要参赛的情况下受 ASFC 管理。一般来说，AOPA 的利用率要多一些。培训的价格从几千元到数万元不等，主要看考取的项目和个人基础情况。其实，和考机动车驾照的区别不太大，并不神秘。

无论是操作航拍无人机，还是操作专业无人机，对于无人机操作者而言，除了要会飞，还要学会安全飞，知道一些飞行的安全知识。

下面介绍一些无人机安全飞行的注意事项。

飞行安全是指航空器在运行过程中，不出现由于运行失当或外来原因而造成航空器上的人员或者航空器损坏的事件。事实上，由于航空器的设计、制造与维护难免有缺陷，其运行环境包括起降场地、运行空域、助航系统、气象状况等且复杂多变，因此机组人员操纵也难免出现失误。

2. 飞行前注意事项

（1）飞行前，注意了解气象状况。影响无人机飞行的气象状况主要包括风速、雨雪、大雾、空气密度、大气温度等。

风速：建议飞行风速在 4 级（5.5～7.9m/s）以下，遇到高层楼之间或者峡谷等注意突风现象。通常起飞质量越大，抗风性越好。

雨雪：市面上多数无人机设备无防水功能，所以雨雪形成的水滴会造成无人机电子电路部分短路或漏电。其次机械结构的部分零件为金属合金材料，进水后会被腐蚀或生锈，影响机械结构的正常运行。

大雾：主要会影响操纵人员的视线和镜头画面，难以判断实际的安全距离。

空气密度：大气层的空气密度随着海拔高度的增加，空气密度减小。在空气密度较低的环境中飞行，无人机的转速增加，电流增大，进而减少续航时间。

大气温度：飞行中的大气温度非常重要，温度高时主要不利于电机、电池、电调等散热，大多数无人机采用风冷自然散热。大气温度与无人机运行温度的温差越小，散热越慢。

（2）飞行前，注意观察飞行区域周边电磁干扰源的情况。

现在主流的无人机无线电遥控设备采用 2.4GHz 频段（指 2.400GHz～2.4835GHz 的频段，业界简称之为 2.4G），家用的无线路由均采用 2.4GHz 频段，发射功率虽然不高，但由于城市区的数量大，难免会干扰遥控器的无线操控，导致失控。其次，为了保证手机信号的覆盖率，国内三大电信运营商（中国电信，中国移动，中国联通）在城中或乡镇地区密集性建设地面基站网络。虽然此类无线发射信号的频率和无人机遥控设备的频率相差较大，但由于地面基站的发射功率较大，无人机靠近时，有可能会影响飞控的正常工作。最后，部分较大型的无线电设备也可能影响飞行，例如雷达、广播电视信号塔、高压线（电弧区）等。另外，尽量避免在人群稠密区或闹市区飞行，例如公园、树多、空间狭小的地方。注意地面相对环境的变化,在起飞和降落时,注意小孩和宠物的位置。

(3) 飞行前进行全面的设备检查。

对无人机的检查:部件的连接是否牢靠(检查螺旋桨和电机是否安装正确和稳固,并确认正旋螺旋桨和反旋螺旋桨的安装位置是否正确。检测时切勿贴近或接触旋转中的电机或螺旋桨,避免被螺旋桨割伤),布线是否安全,机载设备是否工作正常(遥控器、电池以及所有部件供电量充足)。

对遥控器的检查:检查遥控器的操控模式(如美国手、日本手、中国手等)、信号连接情况、电量是否充足、各键位是否正常复位、天线位置等。

3. 飞行时注意事项

(1) 确保设备电量充足。

(2) 提前对飞行区的地形、地势进行一个初步的了解(可使用"谷歌地图"等程序),选择一个开阔无遮挡的场地进行飞行。请勿超过安全的飞行高度(相对高度为120m)。

(3) 无人机要在视线范围内飞行,时刻保持对无人机的控制。

(4) 在 GPS 信号良好的情况下飞行。

(5) 遵守当地的法律、法规(不要在禁飞区飞行,如机场附近、军事基地周边等),无人机做好飞行前检查。

复习与思考

1-1 无人机的定义是什么?

1-2 无人机与航模的区别是什么?

1-3 无人机按平台类型分类,可以分为哪几大类?

1-4 无人机按使用领域分类,可以分为哪几大类?

1-5 多旋翼(多轴)无人机的特点是什么?

1-6 无人机在哪些特殊情况下才能没有审批飞行?

1-7 无人机在飞行前要注意哪些事项?

1-8 什么是飞行安全?

第 2 章 多旋翼无人机机架设计

在动手制作一架多旋翼无人机前，我们要对无人机的机架进行总体设计。机架需要承载无人机的全部设备，包括飞行控制器、电调、电机、螺旋桨、遥控器接收机、电池、云台等。因此，机架设计的好坏直接影响到整个无人机的性能与安全。

机架最重要的一个参数就是其自身的质量，为了减轻机身的自重，机架需要被设计得尽可能轻。因为在总质量不变时，机身质量越小，可承载的其他部件质量便可越大，所以在对机身的材料选择上需要谨慎考虑。常见的机身材料有塑料和碳纤维。塑料的密度较小，质量较轻，但强度和刚度不高，制作比较容易，多个机身部件在组装时通常采用螺丝固定，在螺旋桨高速转动时产生的振动可能会使螺丝松动，从而导致机身的轴臂有脱落的危险。碳纤维的密度小，强度和刚度都很高，非常适合作为无人机的机架材料。本书所设计的多旋翼无人机机架以使用碳纤维材料为主。

常见的多旋翼布局有三旋翼、四旋翼、六旋翼和八旋翼，当然也有一些比较奇怪的布局，例如五旋翼。在开源飞行的控制程序中，按飞行方向与机身关系通常分为两大类，I 形和 X 形，也就是我们常说的"十"字形布局和叉形布局，如图 2-1 所示。

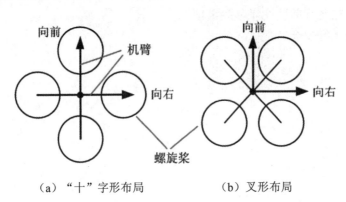

（a）"十"字形布局　　　　（b）叉形布局

图 2-1　"十"字形布局和叉形布局图

本章以 SOLIDWORKS 软件（下简称 SOLIDWORKS）为平台工具，以图 2-2 所示的四轴多旋翼无人机为样例，分解无人机各部分的设计过程。

图 2-2　四轴多旋翼无人机

机体的基本设计原则：
（1）刚度、强度满足无人机的负载要求，机体不会发生晃动、弯曲。
（2）在满足其他设计的原则下，质量越轻越好。
（3）合适的长宽高比，各轴间距、结构布局适宜。
（4）飞行过程中，在满足其他设计的原则下，保证机体振动越小越好。
（5）美观耐用。

2.1　初识 SOLIDWORKS

SOLIDWORKS 是面向产品级的机械设计工具，它全面采用非全约束的特征建模技术，为设计师提供了极强的设计灵活性。其设计过程的全相关性，使设计师可以在设计过程的任何阶段修改设计，同时自动完成相关部分的改变。SOLIDWORKS 完整的机械设计软件包包括设计师必备的设计工具，即零件设计、装配设计和工程制图。

2.1.1　SOLIDWORKS 基本操作

1. 启动与新建

双击软件图标""，启动 SOLIDWORKS 2016，启动后的显示界面如图 2-3 所示。

图 2-3　启动后的显示界面

单击 " ▯ " 按钮,弹出 "新建 SOLIDWORKS 文件" 对话框,如图 2-4 所示。

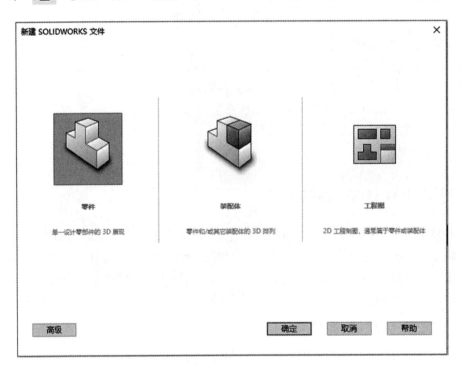

图 2-4　"新建 SOLIDWORKS 文件" 对话框

在对话框中,根据需求单击 "零件" "装配体" 或者 "工程图" 按钮,再单击 "确定" 按钮,新建 "零件" 界面完成后如图 2-5 所示。

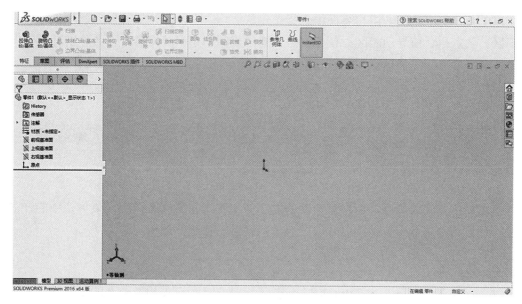

图 2-5 新建"零件"界面

2. 保存与退出

建模完成之后,单击" "按钮,完成文件的保存;单击右上角的" "按钮,退出软件。

2.1.2 SOLIDWORKS 用户界面

SOLIDWORKS 2016 经过重新设计,极大地利用了空间。虽然功能增加了不少,但整体界面并没有太大变化,如图 2-6 所示为 SOLIDWORKS 2016 用户界面。

图 2-6 SOLIDWORKS 2016 用户界面

SOLIDWORKS 2016 用户界面中包括菜单栏、功能区、命令选项卡、设计树、过滤器、图形区、状态栏、前导功能区、任务窗格及弹出式帮助菜单等内容，下面分别介绍。

1. 菜单栏

菜单栏中几乎包含 SOLIDWORKS 2016 的所有命令，如图 2-7 所示。

图 2-7　菜单栏

菜单栏中的菜单命令，可根据活动的文档类型和工作流程来调用，菜单栏中的许多命令也可通过命令选项卡、功能区、快捷菜单或任务窗格进行调用。

2. 功能区

功能区对于大部分 SOLIDWORKS 工具及插件产品均可使用。命名的工具选项卡可以帮助用户进行特定的设计任务，如应用曲面或工程图曲线等。由于命令选项卡中的命令显示在功能区中，并占用了功能区大部分，其余工具栏默认是非显示的。要显示其余 SOLIDWORKS 工具栏则可通过执行右键菜单命令，将 SOLIDWORKS 工具栏调出来，如图 2-8 所示，再选择要显示的具体工具栏。

图 2-8　调出 SOLIDWORKS 工具栏

3. 命令选项卡

命令选项卡是一个与上下文相关的工具选项卡，它会根据用户使用的工具栏动态更新。在默认情况下，它根据文档类型嵌入相应的工具栏，例如导入的文件是实体模型，在"特征"选项卡中将显示用于创建特征的所有命令，如图 2-9 所示。

图 2-9 "特征"选项卡

若用户需要使用其他选项卡中的命令，可选择相应的选项卡，它将更新显示相应的功能区。

例如，选择"草图"选项卡，草图工具将显示在该功能区中，如图 2-10 所示。

图 2-10 "草图"选项卡

4. 设计树

SOLIDWORKS 用户界面左侧的设计树提供激活零件、装配体或工程图的大纲视图。用户通过设计树将使观察模型设计状态或装配体如何建造，以及检查工程图中的各个图纸和视图变得更加容易。设计树控制面板包括 Feature Manager（特征管理器）、Property Manager（属性管理器）、Configuration Manager（配置管理器）、DimXpert Manager（尺寸管理器）和 Display Manager（外观管理器），如图 2-11 所示。Feature Manager 设计树，如图 2-12 所示。

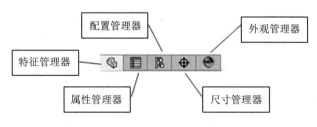

图 2-11 设计树标签

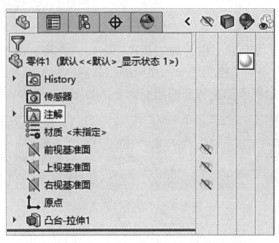

图 2-12 Feature Manager 设计树

5. 状态栏

状态栏是设计人员与计算机进行信息交互的主要窗口之一,很多系统信息都在这里显示,包括操作提示、各种警告信息和出错信息等,所以设计人员在操作过程中要养成随时关注状态栏的习惯。

6. 前导视图工具栏

图形区是用户设计、编辑及查看模型的操作区域。图形区中的前导视图工具栏为用户提供了模型外观编辑、视图操作工具,它包括"整屏显示全图""局部放大视图""上一视图""剖面视图""视图定向""样式显示""显示/隐藏项目""编辑外观""应用布景"及"视图设定"等视图工具,如图 2-13 所示。

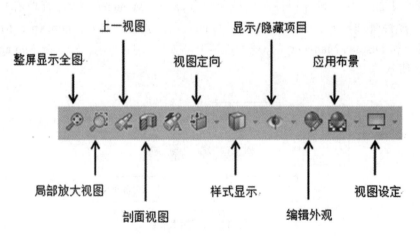

图 2-13 前导视图工具栏

2.2 机臂设计

四轴多旋翼无人机的轴心距离是 451.00mm，去掉中心板的距离后，每支机臂的臂长设计为 200.00mm，材料采用碳纤维管，管子外直径为 16.00mm，管壁厚度为 1.00mm，如图 2-14 所示。

（说明：本书画图中的尺寸单位默认为 mm。）

图 2-14　碳纤维机臂管

在 SOLIDWORKS 2016 中新建一个零件文件，在"草图"选项卡中选择一个视图基准面，一般选择"上视基准面"或者"前视基准面"选项，正视于基准面画圆，圆的直径为 16.00mm，如图 2-15 所示。

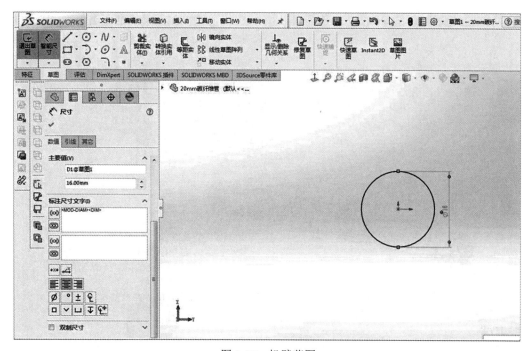

图 2-15　机臂草图

选择"特征"选项卡，对圆进行拉伸，拉伸长度为 200.00mm，注意选中"薄壁特征"复选框，方向为单向，厚度为 1.00mm，如图 2-16 所示。

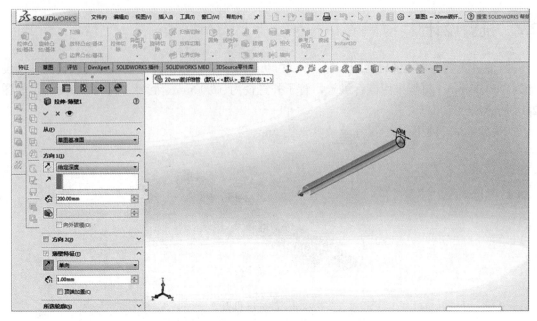

图 2-16 机臂特征拉伸效果图

在用户界面右侧的任务窗格里选择"外观→塑料→复合→碳纤维伊波斯"选项，如图 2-17 所示，即可得到如图 2-14 所示的效果图。

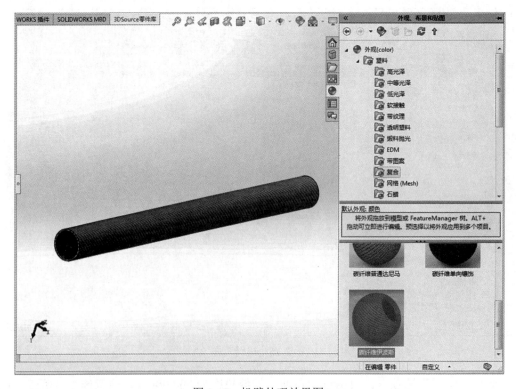

图 2-17 机臂外观效果图

2.3 管夹设计

管夹起到固定和连接机臂、电机座、中心板的作用。根据机臂的形状和尺寸配套相应的管夹，市场上的管夹有对应碳纤维管的标准件，无人机制作爱好者也可以根据自己的制作情况使用 3D 打印机打印管夹配件。图 2-14 样例中使用的管夹是购买的铝制管夹标准件。下面介绍使用 SOLIDWORKS 2016 设计管夹的过程，机臂管夹效果如图 2-18 所示。

图 2-18　机臂管夹效果图

在 SOLIDWORKS 2016 中新建一个零件文件，在"草图"选项卡中选择"前视基准面"选项，正视于前视基准面。

第一步：画长方形，尺寸为 28mm×11mm，如图 2-19 所示。

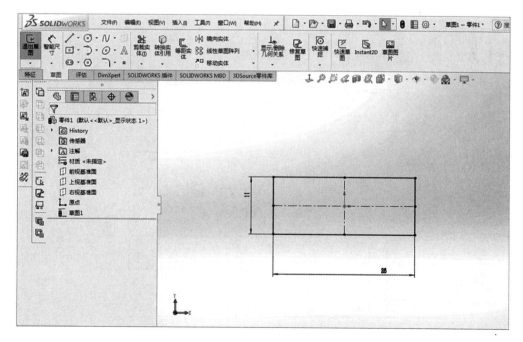

图 2-19　长方形草图轮廓

第二步：画直径为 16mm 的圆，圆心距离长方形底边为 11.50mm，如图 2-20 所示。

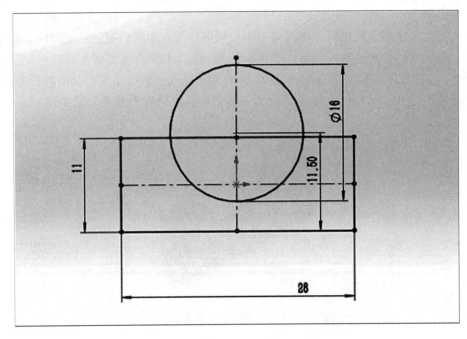

图 2-20　长方形与圆形叠加草图轮廓

第三步：单击工具栏中的"剪裁实体"按钮，剪掉多余部分，剪裁之后草图轮廓如图 2-21 所示。

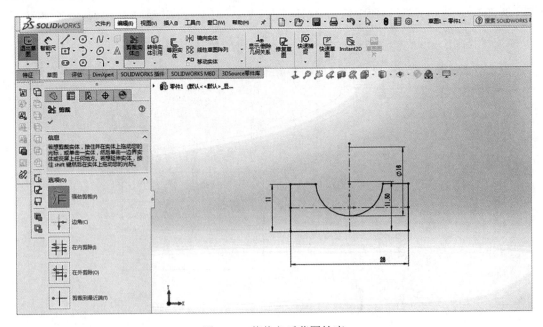

图 2-21　剪裁之后草图轮廓

第四步：选择"特征"选项卡，对图 2-21 中的草图轮廓进行拉伸，拉伸厚度为 5.00mm，拉伸过程如图 2-22 所示，拉伸后效果如图 2-23 所示。

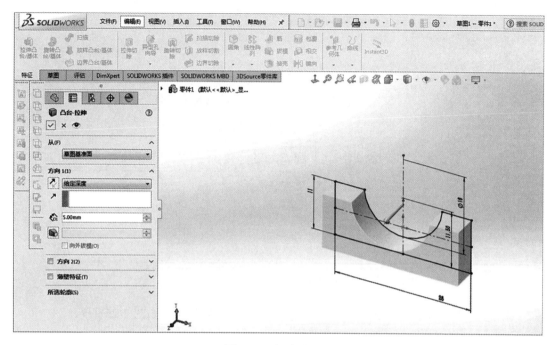

图 2-22 拉伸过程图

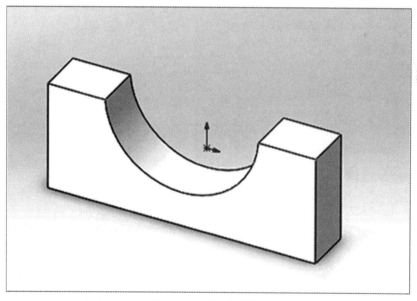

图 2-23 拉伸后效果图

第五步：在"草图"选项卡中选择"上视基准面"选项，绘制管夹其中一个孔圆草图，标注尺寸如图 2-24 所示。注意圆孔直径是 3mm，为了使用"镜向实体"命令，可以先画一条中心线。

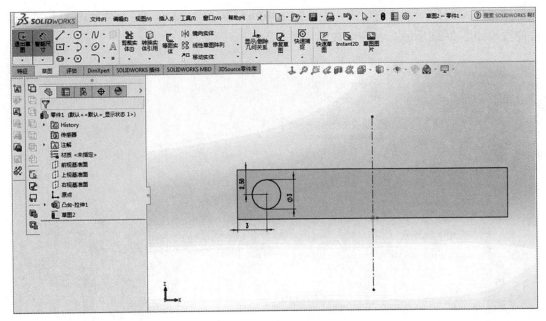

图 2-24　管夹孔圆草图

第六步：在工具栏中单击"镜向实体"按钮得到一个孔圆，如图 2-25 所示。

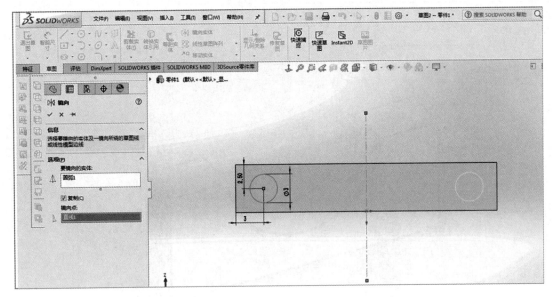

图 2-25　镜向后得到孔圆

第七步：对图 2-25 所示的两个孔圆进行拉伸切除，得到管夹的两个管孔，如图 2-26 所示。

（注意，在"特征"选项卡中的"方向 1（1）"选项区域中选择"完全贯穿-两者"选项。）

第 2 章 多旋翼无人机机架设计

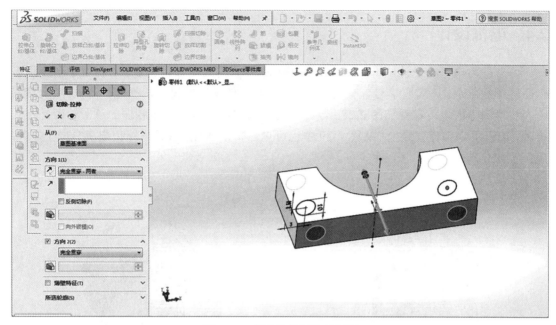

图 2-26 管孔拉伸切除特征图

第八步：在用户界面右侧的任务窗格里选择"外观→颜色→红色"选项，如图 2-27 所示进行设置，即可得到前面讲的如图 2-18 所示的机臂管夹效果图。

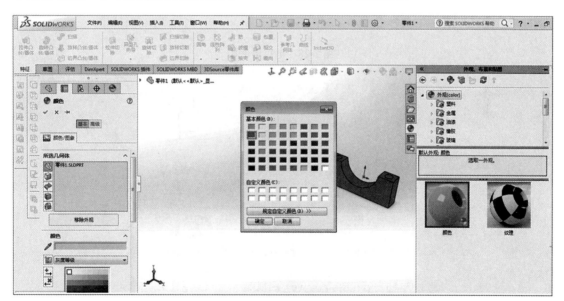

图 2-27 外观设计过程图

在本节管夹的设计过程中，使用的工具命令较多，如剪裁实体、镜向实体、拉伸凸台、拉伸切除等，学习者需要在练习中慢慢掌握各个工具命令的使用方法。

2.4 电机设计

本节学习电机的设计，涉及 SOLIDWORKS 2016 的画图知识较多，不仅要学会使用多个画图工具命令，还需要学习者有良好的逻辑思维，使零件的设计步骤变得简单并且合理。无人机样例中的电机零件如图 2-28 所示，从图中可看出上视图与下视图的草图轮廓是不一样的，电机下半部分有镂空，从图 2-29 中也可见。本节画图的设计思路把电机分成上、中、底三个部分，从中部实体入手操作。

（a）等轴测视图　　　　　　　　（b）底部倾斜视图

图 2-28　电机零件图

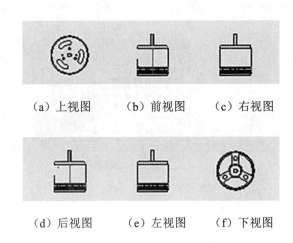

图 2-29　电机二维工程图

在 SOLIDWORKS 2016 中新建一个零件文件，在"草图"选项卡中选择"上视基准面"选项，正视于上视基准面。具体操作如下：

第一步：设计电机中部。绘制直径为 28.00mm 的圆，拉伸 26.00mm，如图 2-30 所示。

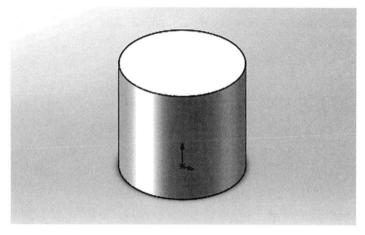

图 2-30　电机中部实体

第二步：设计电机上部草图。以图 2-30 电机中部实体的上部为基准面，画图 2-29 电机二维工程图中的上视图草图轮廓，首先画草图中不同尺寸的图形，标注如图 2-31 所示；之后再根据需要对各图形进行圆周阵列，得到需要的草图轮廓，如图 2-32 所示。

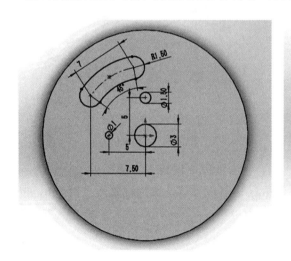 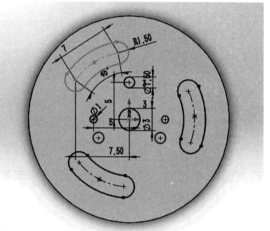

图2-31　上视图草图轮廓及单个图形尺寸标注　　图2-32　对各图形进行圆周阵列后，上视图草图轮廓

第三步：对电机上部草图进行特征设计。首先选择中心直径为 3.00mm 的圆轮廓拉伸凸台 10.00mm，得到电机轴心，如图 2-33 所示；再把剩下的草图轮廓向下拉伸切除 5.00mm，如图 2-34 所示；之后对柱体上部边线倒斜角，设置距离为 1.00mm 和角度为 45°，对电机轴心上部倒圆角，设置半径为 0.50mm，即完成电机上部设计，如图 2-35 所示。

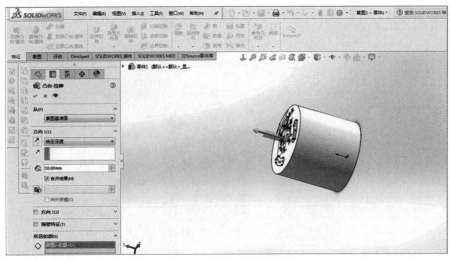

图 2-33 电机轴心拉伸图

图 2-34 草图轮廓拉伸切除后的效果图　　图 2-35 电机轴心上部倒圆角完成后的效果图

第四步：设计电机底部草图。先按照图 2-36 所示画出草图轮廓，草图中执行圆周阵列复制后得到图 2-37；剪裁实体后对扇形的各角进行圆角设置，半径设置为 0.75mm，得到电机底部草图轮廓如图 2-38 所示。

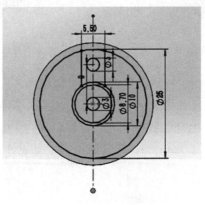

图 2-36 初步画草图轮廓

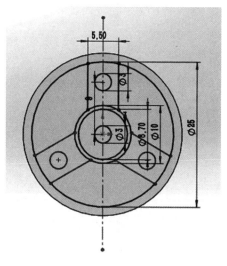
图 2-37 做完圆周阵列后的草图

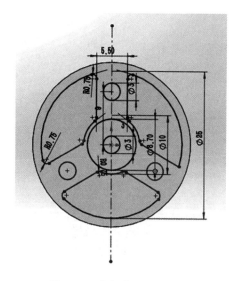
图 2-38 电机底部草图轮廓

第五步：对电机底部草图进行特征设计。首先选择中心直径为 3.00mm 和 8.70mm 的两个圆轮廓，向内拉伸切除 2.50mm，如图 2-39 所示；再把剩下的草图轮廓向内拉伸切除 5.00mm，如图 2-40 所示；确认之后，得到图 2-41 所示的效果图；最后对直径分别为 3.00mm 和 8.00mm 的边线轮廓进行倒角，设置距离为 0.25mm、角度为 45°，对最外边线轮廓进行倒角，设置距离为 0.65mm、角度为 45°，得到如图 2-42 所示的效果图，即完成电机底部设计。

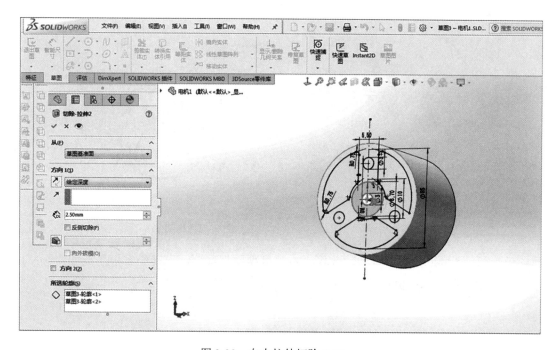
图 2-39 向内拉伸切除 2.50mm

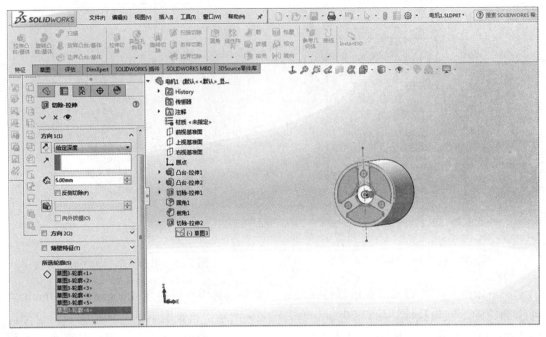

图 2-40　向内拉伸切除 5.00mm

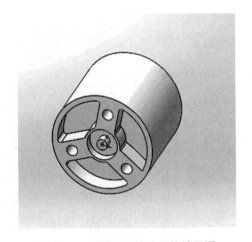

图 2-41　拉伸切除确认后的效果图

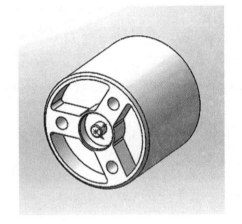

图 2-42　电机底部特征完成效果图

第六步：电机下部镂空设计。选择"右视基准面"选项，正视于右视基准面，画草图轮廓，如图 2-43 所示；位置尺寸局部放大后，如图 2-44 所示。

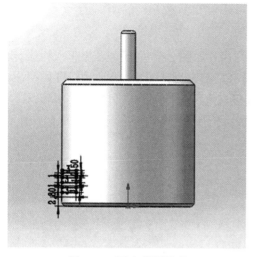 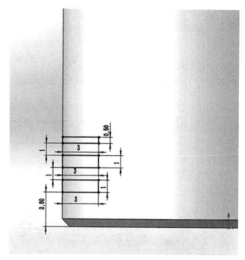

图 2-43 画出草图轮廓　　　　　　图 2-44 位置尺寸局部放大图

选择"特征"选项卡,对上述草图轮廓进行旋转切除,注意执行选择切除命令前在草图里画一条中心构造线,作为旋转轴,特征设置如图 2-45 所示;单击"✓"按钮之后得到如图 2-28 所示的效果图,整个电机设计完成。

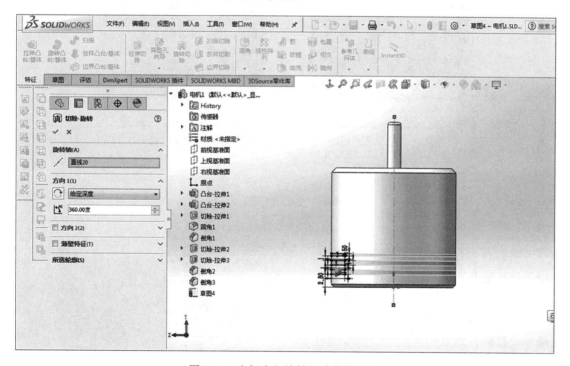

图 2-45 电机底部旋转切除特征设置

本节在 SOLIDWORKS 2016 的使用过程中,需要用到画图工具中的圆弧槽口、圆周阵列,以及特征设置中的旋转切除等操作。电机的设计要点是螺丝安装孔的位置及孔径大小一定要准确。

2.5 电机座设计

电机座起到固定和连接机臂、管夹和电机的作用,如图 2-46 所示。遵循无人机设计的基本原则,电机座在保证机械强度的前提下,可以尽量减小设计面积,等轴测视图如图 2-47 所示。画图设计时,要重点考虑两点:一是电机座与电机连接的孔径和位置要对应;二是电机座与机臂管夹的孔径和孔间距要对应,如图 2-48 所示为电机座孔位分析图。

图 2-46 电机机臂组合图

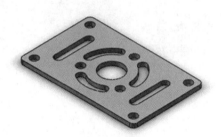
图 2-47 电机座等轴测视图

(a)

(b)

图 2-48 电机座孔位分析图

图 2-48 所示的电机座孔位分析图很明了地告诉我们底座设计时的主要孔径和位置,图 2-49 给出了 4 个固定孔尺寸,其余镂空是为了减轻质量和方便电机走线而设置的,本书电机座及中心板的材料都是厚度为 1.50mm 的碳纤维板。有了以上的知识,学习者就可以设计属于自己的电机座了。本节电机座设计图不再赘述。

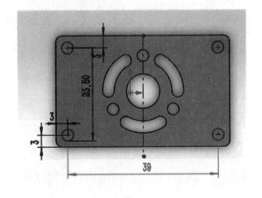
图 2-49 电机座主要尺寸图

2.6 GPS 支架设计

GPS 支架,顾名思义是用来安装 GPS 的,如图 2-50 所示;GPS 支架分为上、中、下三部分,支架底部与无人机中心板连接固定,支架上部装载 GPS。

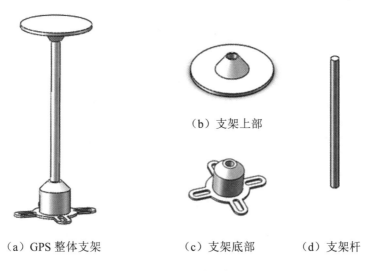

(a) GPS 整体支架　　(b) 支架上部　　(c) 支架底部　　(d) 支架杆

图 2-50　GPS 支架构成

使用 SOLIDWORKS 2016 做 GPS 支架设计时,按照支架上部、支架杆、支架底部三部分来画图设计,之后再组装出来,可降低设计难度。

第一步:设计支架杆。难度系数最小,直径为 4.30mm,拉伸长度为 80.00mm,如图 2-51 所示。

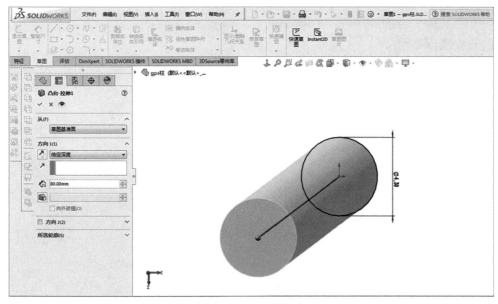

图 2-51　支架杆设计

第二步：设计支架底部。先画底部轮廓草图，图形及尺寸如图 2-52 所示；再特征拉伸 1.00mm，如图 2-53 所示；拉伸后的效果，如图 2-54 所示。

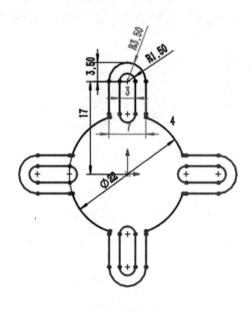

图 2-52　底部轮廓草图

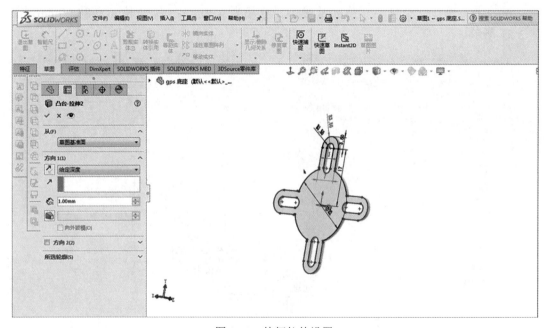

图 2-53　特征拉伸设置

确认后，以上表面为基准面，分别绘制直径为 4.30mm 和 15mm 的同心圆，如图 2-55 所示；之后特征拉伸 15mm，如图 2-56 所示；确认后，得到图 2-55 所示的效果；再进行倒角设置，如图 2-57 所示，确认后得到支架底部的效果图。

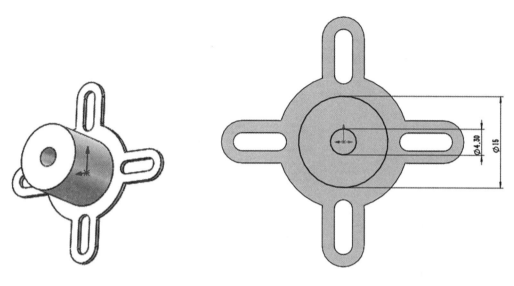

图 2-54　拉伸后的效果图　　　　　　　　图 2-55　同心圆草图轮廓

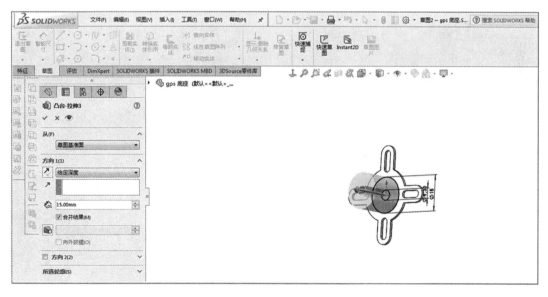

图 2-56　同心圆草图轮廓拉伸设置

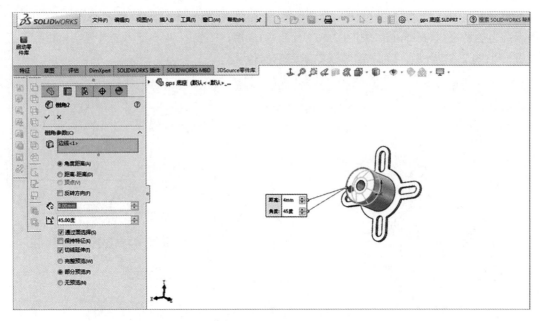

图 2-57　完成倒角后支架底部的效果图

第三步：设计支架上部。如图 2-58 所示，首先绘制直径为 35mm 的圆再拉伸 1.50mm；在拉伸后的实体上表面绘制直径分别为 4.30mm 和 15mm 的一组同心圆，进行特征拉伸 8.00mm 的设置，如图 2-59 所示；最后做倒角设置，如图 2-60 所示，确认后得到支架上部的效果图。

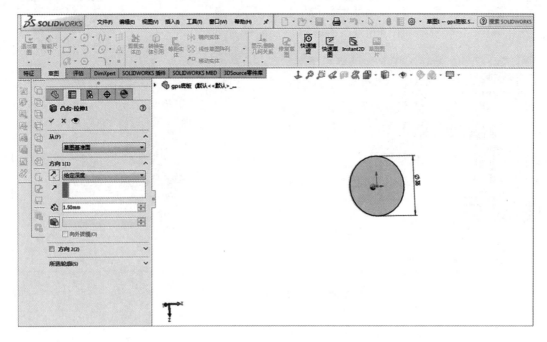

图 2-58　绘制直径为 35mm、高为 1.50mm 的圆柱

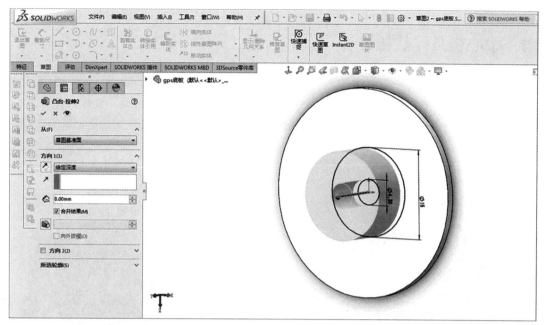

图 2-59 同心圆拉伸

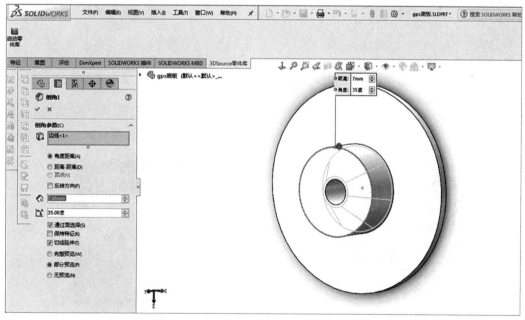

图 2-60 完成倒角后支架上部的效果图

把设计好的 GPS 支架的上、中、下三部分,通过 SOLIDWORKS 2016 新建"装配体"界面就可以组装成所需要的 GPS 支架了,具体的组装方法后面会讲解。

2.7 中心板及挂载板设计

中心板是无人机的中心，分为上、下两块板，如图 2-61 和图 2-62 所示，它把无人机的机臂连接固定起来，中间一般装有无人机的电控部件，如飞控、电调、数传、安全开关、各种传感器等。中心板的尺寸一般在 200mm×200mm 范围内，材料是 1.50mm 厚的碳纤维板。

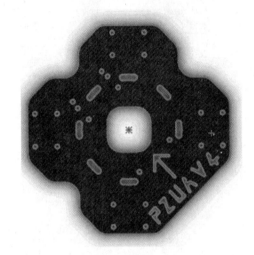

图 2-61 上中心板

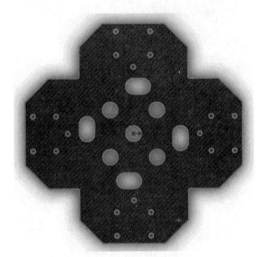

图 2-62 下中心板

挂载板一般有上、下两块，如图 2-63 和图 2-64 所示，下挂载板用来承载无人机的电池，上挂载板用来承载飞控。

图 2-63 中心板上挂载板

图 2-64 中心板下挂载板

放大组装好的无人机中心部分截图，如图 2-65 所示，可以看出上述四块板子的连接关系。

第 2 章 多旋翼无人机机架设计

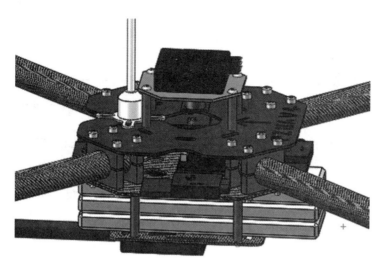

图 2-65　无人机中心部分截图

两块中心板之间的连接要点是，四对机臂管夹的位置和孔径要对应一致，如图 2-66 所示，组装时也要注意别把机头和机尾弄错。上、下中心板与上、下挂载板之间靠四根铝柱连接，如图 2-67 所示，铝柱连接孔之间的距离和孔径要对应。所用到的铝柱孔径都是 3mm，铝管夹间的孔径也是 3mm，中心距离是 22mm。

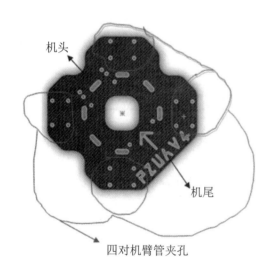

图 2-66　上、下中心板对应标注图

图 2-67　上中心板与上挂载板组合图

如图 2-68 所示的上中心板草图和如图 2-69 所示的下中心板草图对应的外轮廓是 140mm×140mm，4 对管夹孔，每对管夹孔间距为 22mm，管夹与管夹间距为 15mm，距离板子边缘的空心距离为 5mm。

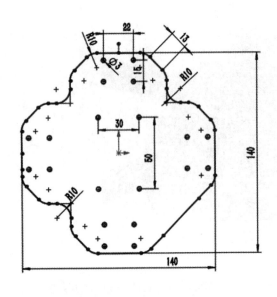

图 2-68 上中心板草图标注

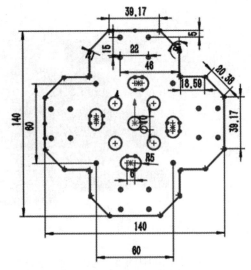

图 2-69 下中心板草图标注

如图 2-70 所示的上挂载板的轮廓大小是 60mm×60mm，主要用来承载飞控，与上中心板连接的关键是四根铝柱孔对应的间距，从图 2-68 可以看出设为 30mm×50mm。如图 2-71 所示的下挂载板轮廓的大小是 70mm×90mm，主要用来承载电池，与下中心板连接的关键是四根铝柱孔对应的间距，从图 2-69 可以看出设为 60mm×60mm。

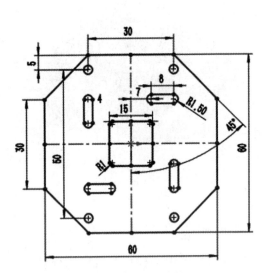

图 2-70 上挂载板草图标注

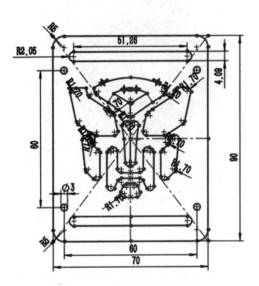

图 2-71 下挂载板草图标注

其他为详细标注的图形尺寸，一般为了减轻板体的质量，特意把图形镂空，镂空的图形一般会考虑整体的艺术美观和图形对称，便于电机走线，需要说明的是图 2-68 所示的上中心板草图标注未画全，比如 PZUAV4，这是无人机的 logo。如图 2-71 所示的下挂载板草图标注中有个脸谱图形,设计者都可以根据个人喜好自行设计。

2.8 脚架设计

在无人机的众多组件中,脚架是重要的部分之一。无人机着陆时,可以通过其脚架支撑无人机站立,同时在无人机发生意外事故时,脚架支撑可以防止机体受到损害,避免经济损失。本节设计的脚架(如图 2-72 所示)较为简单,可以用 3D 打印机打印出来,能起到支撑和轻微减震的作用。

设计的要点是,脚架的支撑面与电机座面积一致,从图 2-73 就可以看出,而且通过管夹相互间连接固定,四个孔的孔直径都是 3mm,孔之间距离为 22mm 或 39mm,学习者可以参考 2.5 节讲的电机座设计的相关知识。

图 2-72 无人机脚架

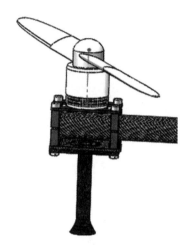

图 2-73 无人机脚架连接结构截图

第一步:支撑面设计。首先画平面草图,轮廓及尺寸如图 2-74 所示;之后拉伸 2.00mm,拉伸时选择"轮廓拉伸"选项,中间直径为 8.70mm 的圆不选,如图 2-76 所示,拉伸之后的效果如图 2-75 所示。

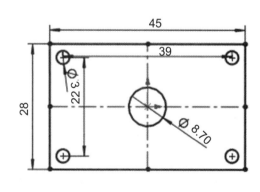

图 2-74 支撑面平面草图

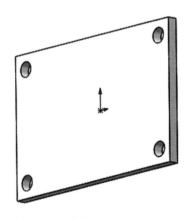

图 2-75 支撑面拉伸效果图

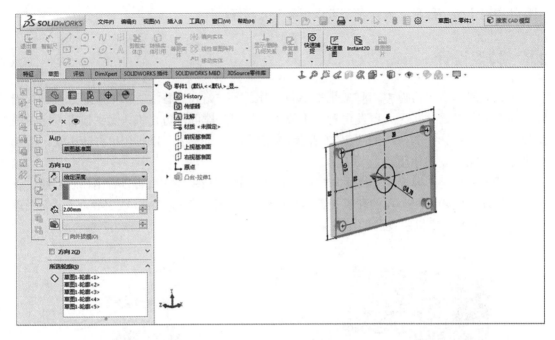

图 2-76 支撑面拉伸特征设置

第二步：支柱设计。如图 2-77 所示，在第一步草图中把直径为 8.70mm 的圆拉伸为 46.50mm 的柱体，可以得到如图 2-78 所示的效果图。

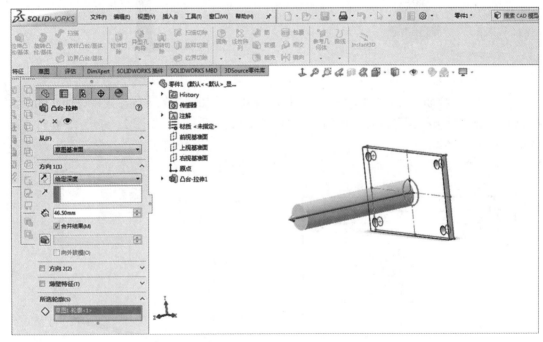

图 2-77 支柱拉伸设置

图 2-78　支柱拉伸效果图　　　　　　　　图 2-79　拉伸拔模效果图

第三步：支撑脚设计。在拉伸的支柱表面画个草图直径为 8.70mm 的圆，拉伸 6.80mm，同时选择向外拔模 30.00 度，如图 2-80 所示；确认后再进行圆角设置，如图 2-81 所示，确认后即可得到图 2-79 所示的效果图。

最后，把零件外观设置为黑色，即可得到图 2-72 所示的无人机脚架的效果。

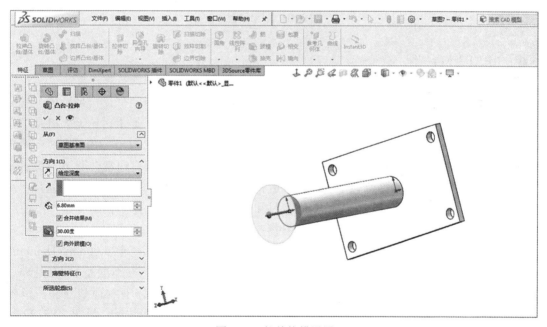

图 2-80　拉伸拔模设置

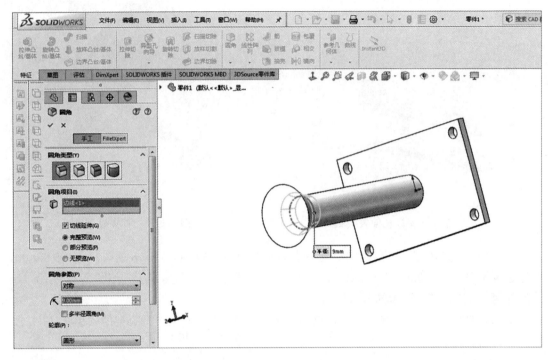

图 2-81　圆角设置

2.9　桨叶设计

桨叶为无人机提供拉力和推力,关于螺旋桨的关键指标主要有两个。一是直径,它是指两个桨尖之间的距离,一般用英寸作为单位(1 英寸=2.54cm),通常讨论无人机是"几寸的桨"指的就是这个;二是螺距,它是指螺旋桨(桨叶剖面迎角为 0°时)旋转一周在轴向移动的距离。因为桨叶不是直的,所以各个点移动的距离不等,通常会取 70%直径处的距离作为螺距。螺距的单位也是英寸。一般来说,同一个转速的螺旋桨,螺距越大,飞行速度越快。无人机根据需要配置的桨叶型号和形状都有所不同,本节简单介绍一下使用 SOLIDWORKS 2016 来设计 10 英寸桨叶的过程。

第一步:一半桨叶的设计。新建文件,正视于右视基准面,画一个 5.00mm×18.00mm 的椭圆,如图 2-82 所示;再平行于右视基准面,距离 45.00mm,建立基准面 1,在基准面 1 上画一个 5.00mm×18.00mm 的椭圆,如图 2-83 所示;然后平行于右视基准面,距离 127.50mm,建立基准面 2,在基准面 2 上画一个 0.20mm×0.60mm 的椭圆,如图 2-84 所示;草图轮廓画好之后进行放样特征设置,可以得到如图 2-85 所示的效果。

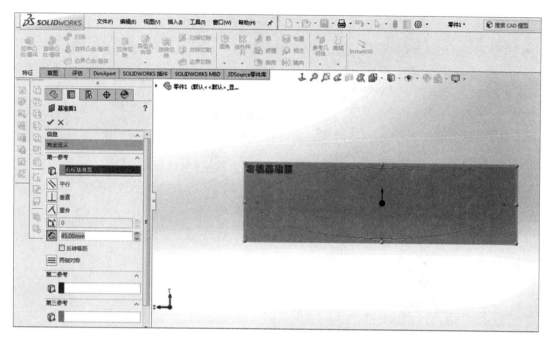

图 2-82 右视基准面画椭圆

图 2-83 基准面 1 上画椭圆

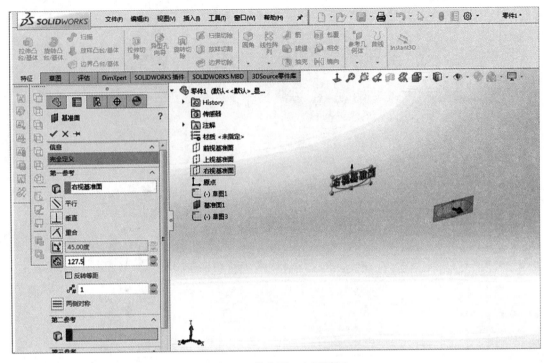

图 2-84 基准面 2 上画椭圆

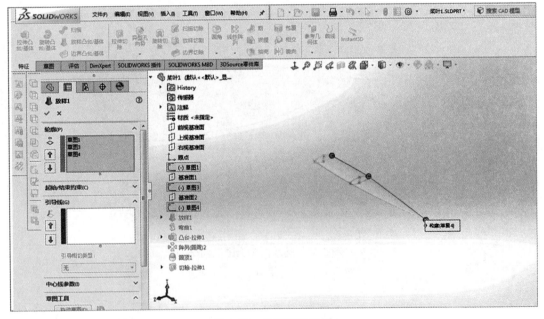

图 2-85 放样特征设置

第二步：设计中心柱。选择"上视基准面"选项，正视于上视基准面，画一个直径为 20.00mm 的中心圆，如图 2-86 所示；之后凸台拉伸 10.00mm，在"特征"选项卡中的"方向 1（1）"下拉列表框中选择"两侧对称"选项，如图 2-87 所示。

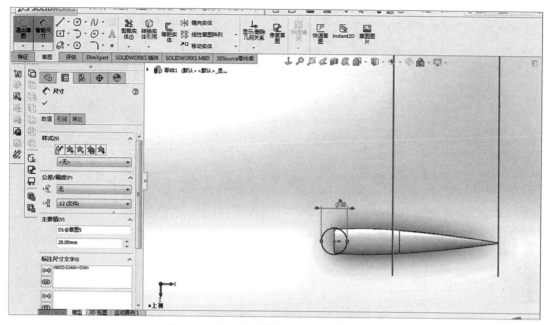

图 2-86　画一个直径为 20.00mm 的中心圆

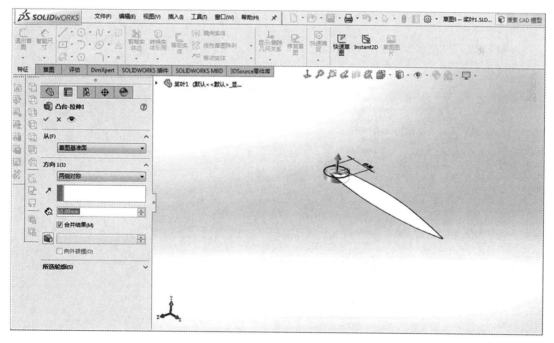

图 2-87　拉伸圆特征设置

第三步：对放样特征进行弯曲特征设置。如图 2-88 所示，在"特征"选项卡中选中"扭曲"单选按钮，注意扭曲角度可根据显示结果来尝试输入，找到合适的角度。

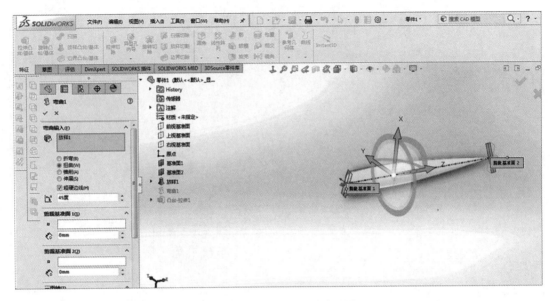

图 2-88　弯曲特征设置效果图

第四步：双桨叶设计。我们已经设计好了一个桨叶，另一个桨叶只需要圆周阵列特征设置即可，如图 2-89 所示；此步骤注意不要选择"镜像"选项，学习者可以分别设置一下看看效果，就知道圆周阵列和镜像的效果差异了。

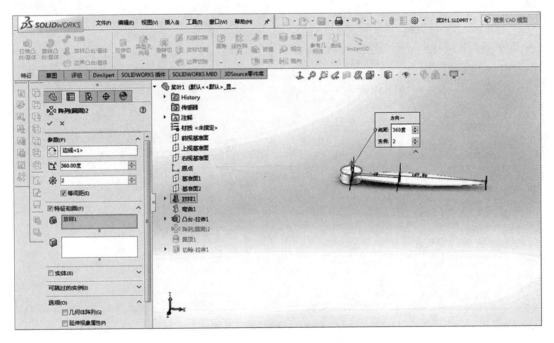

图 2-89　圆周阵列特征设置

第五步：圆顶设计。对中心柱进行圆顶特征设计，如图 2-90 所示。

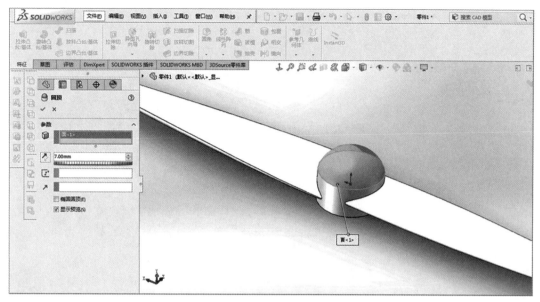

图 2-90　圆顶特征设计

第六步：桨中心孔设计。为了和电机轴中心配合安装，这里的桨叶中心孔直径设为 3.00mm，桨孔设计效果如图 2-91 所示，整个桨叶设计效果如图 2-92 所示。

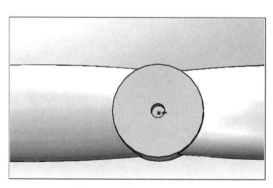

图 2-91　桨孔设计效果图

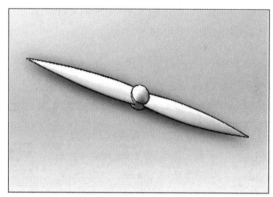

图 2-92　桨叶设计效果图

2.10　总体装配

通过本章前面几节的学习，我们已经设计建模完成了无人机框架结构中的主要零件，本节进入无人机的总体装配环节，根据结构功能按照一定的要求把各零件装配在一起。接下来以一个机臂的装配过程进行演示操作。

打开 SOLIDWORKS 2016，新建"装配体"界面，在图 2-4 所示的"新建 SOLIDWORKS 文件"对话框中单击" "按钮，再单击"确定"按钮，新建"装配体"界面完成后如

图 2-93 所示。

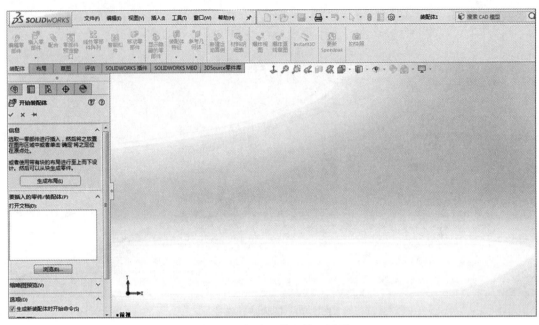

图 2-93 新建"装配体"界面

单击电机座在左侧属性管理器中的"浏览"按钮，选择要打开的零件文件，如图 2-94 所示；首先选择的是"电机座"文件，如图 2-95 所示。注意，第一个进入的零件默认状态下是固定的，不可移动。

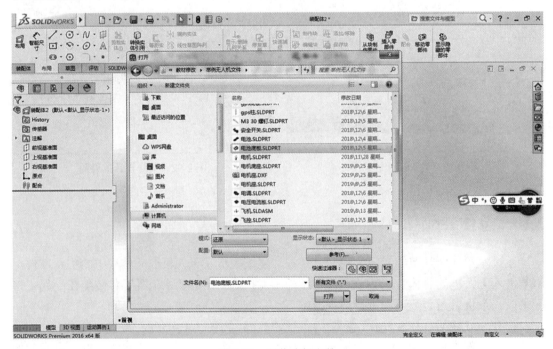

图 2-94 浏览选择文件

第 2 章 多旋翼无人机机架设计

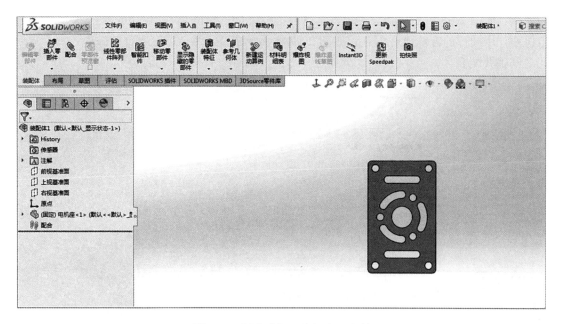

图 2-95 浏览选择"电机座"文件

在菜单功能中单击""按钮,插入第二个零件"管夹",如图 2-96 所示;有了两个零件,就可以单击"⌘"按钮,对两个零件进行配合,常见的配合方式有重合、平行、垂直、相切、同轴心等,如图 2-97 所示。

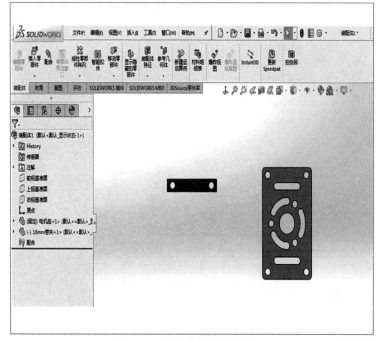

图 2-96 插入零件"管夹"

图 2-97 "配合"属性管理器

配合实体选择管夹孔边缘和电机孔边缘,配合方式选择"重合"选项,即可得到所要的效果，如图 2-98 所示。一般也可以选择孔与孔之间的"同轴心"选项，之后复制管夹和电机座，用同样的方法进行配合，如图 2-99 所示。注意，为了锁定零件的关系，每个对应孔之间都要配合。

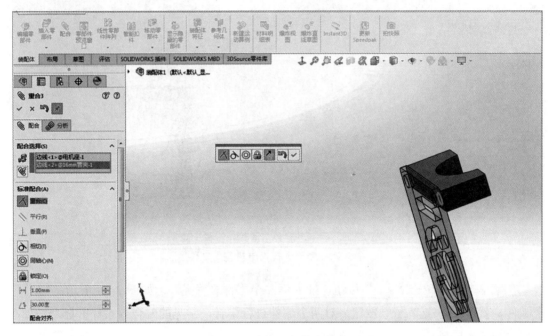

图 2-98　电机座与管夹配合

图 2-99　两组配合

机臂配合，插入机臂零件，如图 2-100 所示；装配方法为管夹半圆切面与机臂同轴心，慢慢调整即可得到如图 2-101 所示的效果图；为了两对管夹固定在机臂的一端，装配方法为机臂一端外圆轮廓线与管夹半圆轮廓线重合，如图 2-102 所示，即可得到图 2-103 所示的效果图。

图 2-100　插入机臂零件

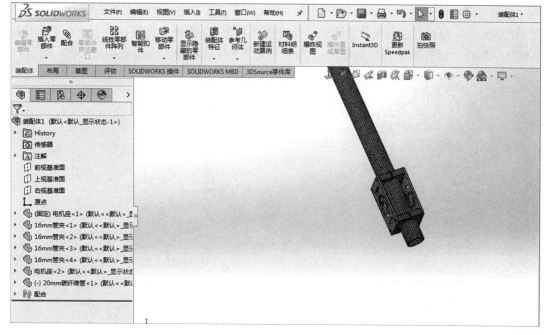

图 2-101　同轴心配合效果图

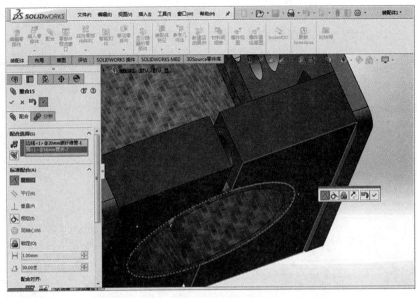

图 2-102　边缘重合设置图

图 2-103　边缘重合效果图

电机与底座配合，插入电机零件如图 2-104 所示；装配方法为电机底部三个孔和底座三个孔同轴心，电机底面和电机座表面重合，效果如图 2-105 所示；同样的方法，螺旋桨和电机之间配合，螺钉和螺孔时间都可以配合，一个完整的机臂配合效果如图 2-106 所示。

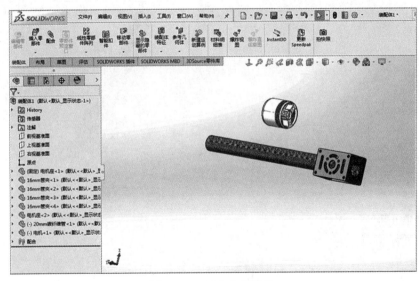

图 2-104　插入电机零件

图 2-105　电机与底座配合效果图　　　　图 2-106　一个完整的机臂配合效果图

整个无人机的装配方法都需要选择恰当的配合方式，需要操作者有足够的耐心，才能装配好无人机。

复习与思考

2-1　常见的多旋翼布局有哪些类型？
2-2　无人机机架的设计原则是什么？
2-3　SOLIDWORKS 用户界面主要包含哪些内容？
2-4　机臂设计过程中主要用到了什么特征？具体如何操作？
2-5　管夹设计过程中用到了哪些命令？"镜向实体"命令具体如何操作？
2-6　电机设计过程中用到了哪些命令？"圆周阵列"命令具体如何操作？
2-7　脚架设计过程中用到了哪些命令？"拉伸拔模"命令具体如何操作？
2-8　桨叶设计过程中用到了哪些命令？"放样特征"命令具体如何操作？
2-9　无人机机架装配过程的主要流程有哪些？

第 3 章　多旋翼无人机机架生产与加工

多旋翼无人机在设计生产与加工过程中会用到数控加工机床、3D 打印机等设备，以完成各部件的加工生产。

3.1　初识 NcStudio

NcStudio 数控系统是维宏科技公司自主开发、自有版权的雕刻机运动控制系统，该系统可以直接支持 UG、MASTERCAM、CASmate、ArtCAM、AutoCAD、CorelDraw 等多种 CAD/CAM 软件生成的 G 代码、PLT 代码格式和精雕加工的 ENG 格式。

NcStudio 数控系统基于 Microsoft Windows 操作系统，充分发挥 32 位计算和多任务的强大优势。同时，标准的 Windows 风格用户界面具有操作简便、简单易学的优点。

该系统除了具有手动、步进、自动和回机械原点等常规功能外，还具有模拟仿真、动态显示跟踪、Z 轴自动对刀、断点记忆（程序跳段执行）和回转轴加工等特有的功能。

该系统可以与各种三维雕刻机、三维雕铣机一起使用，适用于各种复杂的模具加工、广告装潢、碳纤维切割（例如无人机制作）等行业。

3.2　NcStudio 基本操作

安装完 NcStudio 数控系统后，双击桌面上的 NcStudio 快捷方式，即可运行该系统。

NcStudio 主操作界面由标题栏、菜单栏、工具栏、状态栏和一些功能窗口等组成，如图 3-1 所示。

功能窗口分成三个区，主要包括以下内容。

第一区：数控状态窗口。

第二区：加工轨迹、系统日志、程序管理、系统参数、程序编辑。

第三区：折叠自动/手动窗口。

第 3 章 多旋翼无人机机架生产与加工

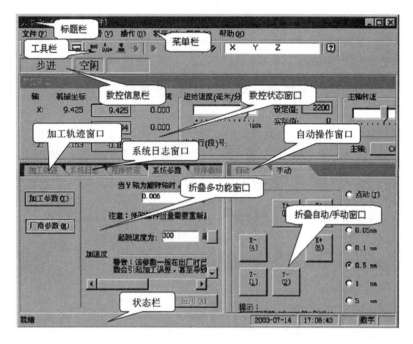

图 3-1 NcStudio 主操作界面

1. 标题栏

NcStudio 主操作界面的最上端是标题栏，如图 3-2 所示，标题栏用于显示软件名称和所装载的加工程序名，标题栏的颜色用于指明对应的窗口是否被激活。

图 3-2 标题栏

注意:

在 Windows 系统中，活动窗口和非活动窗口是非常重要的概念。所谓活动窗口是指当前接收键盘输入的窗口，在任何时候，系统只有一个活动窗口，其他都是非活动窗口。

请区别活动窗口和非活动窗口标题栏颜色的不同。在 Windows 默认设置中，活动窗口标题栏的颜色为蓝色，而非活动窗口标题栏的颜色为灰色。

标题栏左上端的图标为系统菜单框，用于打开窗口控制菜单，用鼠标单击该图标或按下"Alt+空格键"组合键，将弹出系统菜单，如图 3-3 所示。

该菜单用于控制窗口的大小和位置，如恢复、移动、关闭、最大化、最小化等。标题栏右边有 3 个控制按钮，分别为最小化按钮、最大化按钮、关

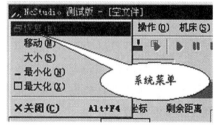

图 3-3 系统菜单

闭按钮，这些按钮用于快速设置窗口的大小。详细的操作方式请参阅 Windows 帮助。

另外，每个子窗口也有相应的标题栏，活动子窗口与非活动子窗口可以通过子窗口标题栏的颜色区别开来。请参看下面各节的描述。

提示：三个窗口区的活动子窗口可以通过"Esc"键切换。

2. 菜单栏

标题栏下面是菜单栏，可以通过鼠标、键盘来完成所需的操作，如图 3-4 所示。

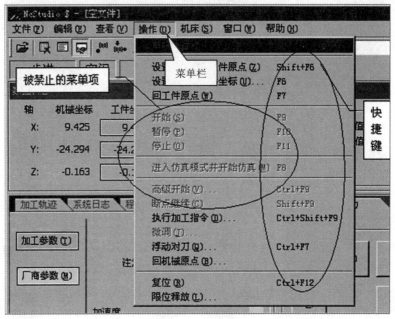

图 3-4 菜单栏

每个菜单由多个菜单项组成，每个菜单项对应程序设定的某个功能、动作或者变换程序状态。通过选择某个指定的菜单项，就可以执行对应的功能或动作，或者改变状态设定。

鼠标操作：首先用鼠标左键单击菜单栏上的主菜单，弹出下拉子菜单后，用鼠标左键单击选择某个指定的菜单项。

键盘操作：即同时按下"Alt"键和所选菜单的热键字母（带下画线的字母，如"文件（F）"可用"Alt+F"组合键来选择）。选择某个菜单后，就会弹出相应的下拉子菜单。

快捷键操作：在下拉子菜单中，有些菜单项的右边对应着相应的快捷键，例如"操作（O）"菜单中的"开始（S）"菜单项的快捷键为"F9"，表示按下快捷键将直接执行菜单命令，这样可以减少进入多层菜单的麻烦。

有些菜单项后面带有三个圆点符（如"打开并装载（O）…"），表示选择该项后将自动弹出一个对话框。如果下拉子菜单中的某些菜单项显示为灰色，则表示这些菜单项在当前条件下不能被选择。

此外，在窗口的不同位置单击鼠标右键将弹出快捷菜单，从快捷菜单中可以执行当前位置最为常用的命令。

3. 工具栏

菜单栏的下面是工具栏，如图 3-5 所示。工具栏由某些操作按钮组成，分别对应着某些菜单命令或菜单项的功能。可以直接用鼠标单击这些按钮来完成指定的功能。

图 3-5　工具栏

工具栏按钮简化了用户的操作过程，并使操作过程可视化，不再是烦琐的命令行序列。

4. 数控信息栏

数控信息栏位于工具栏下面，显示当前的数控状态，以及一些报警信息，如图 3-6 所示。

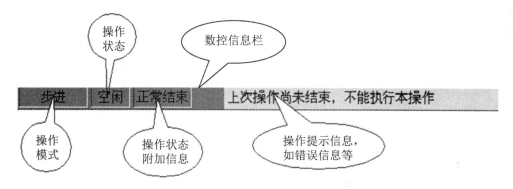

图 3-6　数控信息栏

5. 状态栏

屏幕最底端是状态栏，如图 3-7 所示。

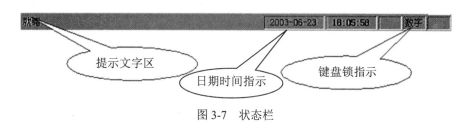

图 3-7　状态栏

提示文字区：给出当前操作或所选择命令的提示信息。
日期时间指示：显示当前的日期和时间信息。
键盘锁指示：指示键盘大写锁、数字锁和滚动锁的当前状态。

6. 数控状态窗口

数控状态窗口位于屏幕的上部，显示主轴（刀具）当前的位置、进给速度与进给倍率调整等，如图3-8所示。

图3-8 数控状态窗口

注意：该窗口显示的内容依据不同的板卡设置和不同的用户需求有所不同，这里给出的内容仅供参考。

加工状态和时间信息：数控状态窗口的标题栏也显示一些状态信息，如图3-9所示。例如在系统仿真时，标题栏显示"仿真模式"字样，同时在标题栏的右侧显示预计执行时间（100%进给倍率时）。在实际加工时，右侧显示实际的加工时间。

图3-9 加工状态和时间信息

当前位置：为了方便描述各种位置，NcStudio同时显示机械坐标和工件坐标两套坐标系统。NcStudio提供了丰富的功能支持这两套坐标系，用户可以同时查看这两套坐标系，在两套坐标系中自由切换，以及灵活地设置两套坐标系之间的相对位置。当用户已经执行了回参考点操作后，在每个轴的名称前，会出现"机械坐标有效"的黑白圆点标志，如图3-10所示。

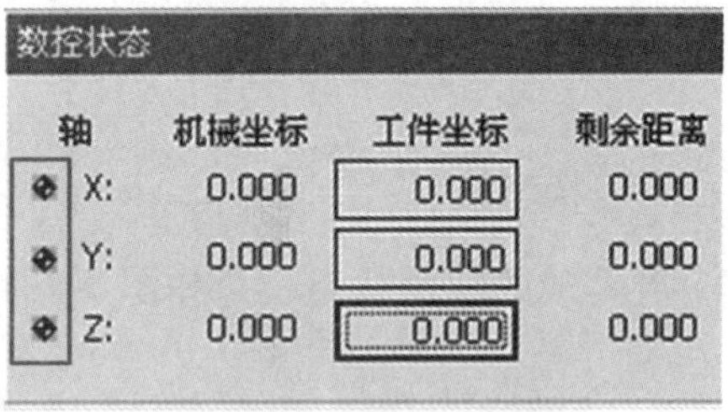

图3-10 机械坐标系

系统提供了方便的设置和修改工件原点的方法：把当前点设置成为工件原点，也就是单个轴的相对位置清零。只需将光标移到该轴坐标显示区，然后单击鼠标左键，可以看到这个轴的坐标为0。若要把3个轴的当前位置全部设置成0，只需在各个坐标区单击即可。

提示：另一个把当前点工件坐标全部清零的方法是选择"操作（O）→设置当前点为工件原点（Z）"选项，或者单击相同功能的工具栏按钮。

进给速度（毫米/分钟）：在进给速度区，显示设定速度、瞬间速度、速度倍率、当前行（段）号等信息，也可以修改速度设定值和进给倍率。

进给倍率滑杆：拉动滑杆，可以在 0%～120%范围内调节当前的运动速度。进给倍率以百分数的形式显示出来。

设定值：进给速度的设定值，也就是 G 指令中 F 参数给出的数值。

实际值：进给速度的瞬时值，它随着设定值、当前加减速状态、进给倍率的变化而变化。

当前行（段）号：显示当前正在执行代码的段号或者行号。如果当前加工程序包含段号信息，则显示段号信息，显示的格式为 N?????；如果加工程序不包含段号信息，则显示行号信息，显示的格式为 L?????。

在系统空闲时，单击设定值，则弹出相应的对话框，对速度进行设置。当系统处在自动方式时，弹出的对话框用于设置自动运行的默认速度，如图 3-11 所示。

当系统处在手动方式时，弹出的对话框用于设置手动运行的速度，如图 3-12 所示。

需要指出的是，在这里所做的设置与在参数窗口中的"加工参数"栏中所做的设置是一样的。

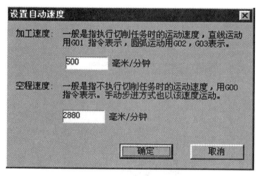
图 3-11　设置自动速度

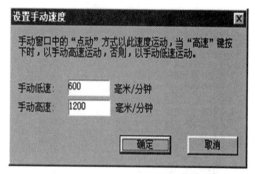
图 3-12　设置手动速度

机床控制：窗口的最后一栏是机床控制，用以控制机床的主轴、冷却等起停动作，如图 3-13 所示。这些按钮可以直接操作以控制机床，并且主轴、冷却按钮在加工时也可以被按下。根据实际加工情况，系统会给出一些保护性提示，例如在加工时关闭主轴，系统就会弹出如图 3-14 所示的提示。

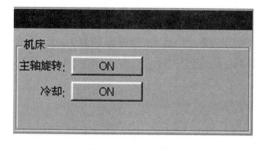
图 3-13　机床控制

图 3-14　保护性提示

用户可以用鼠标或者键盘操作这些按钮，当"ON"按钮处于被按下时，对应的动作发生，如图 3-15 所示表示主轴停止旋转，然后冷却开启。

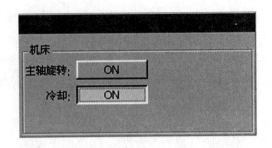

图 3-15 按下冷却 "ON" 按钮

7. 自动窗口

自动窗口显示当前打开的加工程序文件,如图 3-16 所示。NcStudio 目前支持两种加工程序格式:G 指令格式和 PLT 格式。用户通过这个窗口可以查看当前的加工程序。

在窗口中单击鼠标右键,系统弹出上下文菜单,如图 3-17 所示。

图 3-16 自动窗口

图 3-17 上下文菜单

这些菜单项综合了与自动操作有关的常用操作,同时这些菜单项在标准菜单中也能找到,这就方便了用户的键盘操作。其中"显示加工程序行号"和"跟踪当前行"菜单项在"查看(V)"菜单中可以找到,剩余的三项在"文件(F)"菜单中可以找到。

由于文件窗口位于主窗口的功能窗口区,用户需要在几个窗口之间切换,激活文件窗口的方法如下:

菜单方式:选择"窗口(W)→显示自动窗口(A)"选项。

快捷键方式:按下"Ctrl+1"组合键,激活该窗口。

提示:在该窗口显示的加工程序仅供查看,不能进行编辑修改。如果需要编辑此程序,请选择"文件(F)→编辑当前加工程序"选项;如果仅仅编辑某个程序或者文件,请选择"文件(F)→打开并编辑..."选项。

8. 手动窗口

手动窗口为用户以手动方式操纵机床提供一个交互式的操作环境。

由于手动窗口位于主窗口的功能窗口区，用户需要在几个窗口之间切换，激活手动窗口的方法如下：

菜单方式：选择"窗口(W)→显示手动窗口(M)"选项。

快捷键方式：按下"Ctrl+2"组合键，激活该窗口，在窗口的"点动"按钮区包含六个手动按钮，分别对应 X、Y、Z 轴的正负方向。

手动操作机床有两种方式：连续点动方式和增量步进方式，下面分别介绍。

连续点动方式：连续点动方式，当手动窗口为当前活动窗口时，按住小键盘上对应的数字键。当按键处于按下状态时，机床执行动作；松开按键时，机床停止动作。（注意：手动窗口必须为当前的活动窗口，这可以通过手动窗口标题栏的颜色看出。手动功能激活时不考虑数字锁的状态。在执行点动动作时，跟踪窗口以 G00 指令的颜色显示跟踪轨迹。）

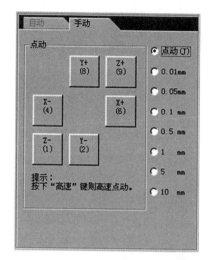

图 3-18　手动窗口

增量步进方式：与手动方式类似，增量步进方式（简称为增量方式或者步进方式）是另一种手动操作机床的方式。与连续点动方式不同的是，增量步进方式可以精确地控制机床运动轴的进给距离。用户可以通过交互界面用鼠标和键盘执行增量进给操作，也可以通过手动操作面板或者操作盒执行此操作。每触发一下手动按钮，对应轴运动给定的步长。在使用该方式操作机床之前，必须设置合适的步长，通过修改点动步长，设置每次点动进给的距离。

键盘操作：当点动窗口为当前活动窗口时，通过方向键增减点动步长，可以注意到点动步长按钮的变化。

鼠标操作：直接用鼠标单击合适的步长按钮。（注意：要避免把 Z 轴方向的点动步长设置过大，以免由于误操作而损坏机床。）

在设置了合适的步长之后，就可以通过键盘、鼠标或手动控制面板的按钮操作机床了。

键盘方式：当手动窗口为当前活动窗口时，按一下按钮对应的数字，按钮被触发一次。按一下空格键，触发当前拥有输入焦点的按钮。（注意：再次强调，当前活动窗口是系统中一个重要的概念，只有该窗口为当前活动窗口时，这些对应的键盘动作才有效。当前哪个窗口是活动窗口，可以通过窗口标题栏的颜色进行分辨。）

鼠标方式：用鼠标左键单击按钮，按钮被触发一次。（注意：由于系统每次执行点动指令需要一定的时间，所以单击过于频繁会导致系统提示"设备忙，当前操作无效"的出错信息。）

增加/减少深度：使用小键盘上的"＋""－"按键配合数字键可以快速增加或减少深度。

9. 加工轨迹窗口

在机床执行加工程序或仿真程序的时候，加工轨迹窗口可以以实时方式跟踪刀具的加工轨迹，如图 3-19 所示。跟踪加工轨迹的三维实时显示功能，使用户能够更直观地检测刀具所走的路径，以确保加工程序不出错。

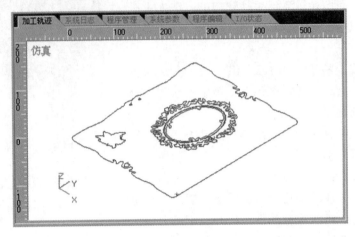

图 3-19　加工轨迹窗口

加工轨迹：采用三维视图模式，可以通过选择"查看（V）→属性…"选项进行个性化设置。

三维视图模式：在三维视图模式中，系统提供了丰富的操作手段方便用户从不同的角度，以合适的缩放比例查看图形。

缩放功能：可以使用菜单、键盘及鼠标加键盘三种方法实现跟踪轨迹图形的放大或缩小。

菜单操作：选择"查看（V）→显示比例（R）…"选项，设置合适的缩放比例。

键盘操作：首先应该把本窗口激活成活动窗口，使用小键盘上的"＋"键和"－"键实现缩放。（注意：把鼠标移入显示区，当鼠标显示为"🔍"时，单击鼠标左键放大图形；当鼠标显示为"🔍"时，单击鼠标左键缩小图形；按住"Ctrl"键，鼠标显示在"🔍"和"🔍"两种模式间切换。）

提示：用鼠标进行图形缩放时，在鼠标单击过程中，不要移动鼠标；否则，就成为移动操作了。

鼠标操作：通过鼠标左键的拖动操作实现跟踪图形的移动操作。具体如下：把鼠标移动到显示区，此时鼠标显示为"🔍"或"🔍"；按下鼠标左键，并稍稍移动鼠标，此时鼠标指针变成"✣"状态；继续拖动鼠标，然后松开鼠标左键，完成整个跟踪图形的移动操作。

提示：请多练习几次，你会发现用这种方法操作很方便！

旋转功能：旋转操作只能通过键盘操作（即"Alt+方向键"组合键的形式）完成。按下"Alt"键的同时，按下方向键可以实现跟踪图形的旋转操作。

系统提供了常用的视图观察方向，通过小键盘上的数字键可迅速切换。数字键包括：
1 西南方向等轴测视图
2 仰视图
3 东南方向等轴测视图
4 左视图
5 前视图
6 右视图
7 西北方向等轴测视图
8 俯视图
9 东北方向等轴测视图

清除功能：当加工时间很长时，模拟图形变得非常复杂，用于记录加工轨迹的临时文件也愈来愈庞大；当模拟图形重画、移动或者旋转操作时，非常费时。这时用户需要清除跟踪画面。清除跟踪画面有多种方法，可以通过菜单或工具栏按钮、快捷键操作、键盘操作或快捷菜单完成。

菜单或工具栏按钮：选择"查看（V）→清除画面（C）"选项，或者单击对应的工具栏按钮。

快捷键操作：任何时候，按住"Ctrl+Del"组合键，实现清除跟踪画面。

键盘操作：在跟踪窗口为当前活动窗口时，按下"Del"键即可。

快捷菜单：在窗口中单击鼠标右键，弹出上下文菜单，如图 3-20 所示。

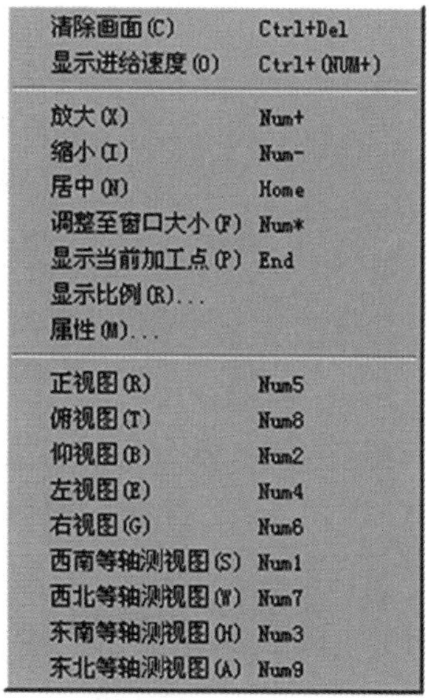

图 3-20　快捷菜单

10. 设置个性化参数

设置个性化参数通过"个性化参数"对话框设置系统在显示方面的用户定制，如图 3-21 所示主要针对跟踪窗口的个性化设置，实现跟踪颜色的自定义。

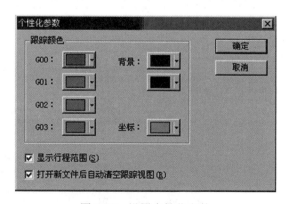

图 3-21　设置个性化参数

跟踪颜色：在跟踪窗口中，各种不同显示元素的颜色可以分别配置。主要包括：
- G00：该颜色指显示 G00 指令轨迹所用的颜色。
- G01：该颜色指显示 G01 指令轨迹所用的颜色。
- G02：该颜色指显示 G02 指令轨迹所用的颜色。
- G03：该颜色指显示 G03 指令轨迹所用的颜色。

背景：跟踪窗口的背景颜色，这里有两种颜色，用户可以设置不同的颜色，实现两种颜色之间的渐变。

坐标：该颜色指的是窗口中绘制示意坐标系的颜色（手动和点动轨迹是使用 G00 的颜色显示的）。

用户单击颜色选择按钮，系统弹出颜色选择框，如图 3-22 所示。

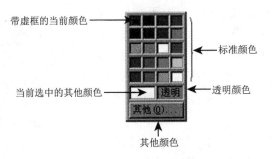

图 3-22　颜色选择框

提示：如果选择的颜色是透明的，则隐藏相应的指令轨迹。然而，把背景设置成透明不是一个好主意，因为这往往导致窗口不能被正确地刷新。

11. 系统日志窗口

系统日志窗口（如图 3-23 所示）记录用户重要的操作和发生的事件，不仅可以浏览自从这次启动以来发生的日志信息，而且可以通过该窗口回顾历史日志信息。随着使用经验的逐渐丰富，你会发现系统日志信息对你越来越有帮助。

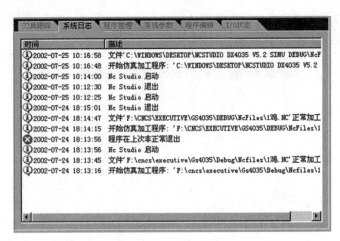

图 3-23　系统日志窗口

系统目前记录的日志信息包括：
- 系统启动和退出。
- 自动加工开始和结束信息。
- 工作坐标变动。
- 系统报警信息。
- 其他一些系统信息。

注意：要记住定期清理系统日志！否则由于系统日志记录文件太大，会影响系统的性能和响应时间。

12. 程序管理窗口

NcStudio 提供了集成的加工程序文件管理能力，使得用户可以更方便地管理加工程序。程序管理窗口包括新建加工程序、编辑加工程序、删除加工程序、重命名加工程序、装载加工程序。程序管理窗口如图 3-24 所示。

图 3-24 程序管理窗口

程序管理窗口可以使用用户定义的文件夹，也可以自定义文件扩展名。这些设置在用户重启后就能恢复。

13. 系统参数窗口

NcStudio 有着丰富的加工参数，使得系统能够胜任各项加工任务，这里列出的只是一些常用的加工参数，还有一些参数由于用户平时不会涉及，所以系统界面中没有列出，这样也避免了过于复杂的系统参数使用户感到困惑。

系统参数包括两类：加工参数和厂商参数。下面详细解释其中的各项参数。

加工参数：NcStudio 有着众多的加工参数，使得系统能够根据具体的机械和电气条件，把系统性能发挥到最大。在"加工参数"窗口中列出的只是一些常用的加工参数，如图 3-25 和图 3-26 所示。还有一些参数由于用户平时不会涉及，所以系统界面中没有列出，这样也避免了过于复杂的系统参数使用户感到困惑。

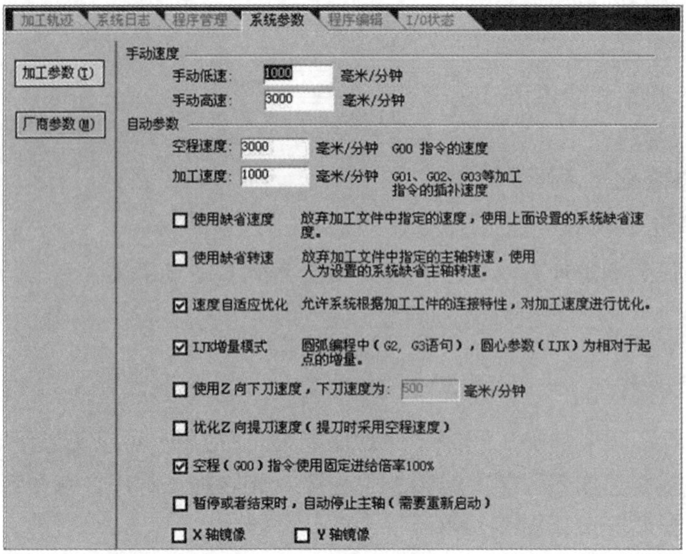

图 3-25　加工参数 1

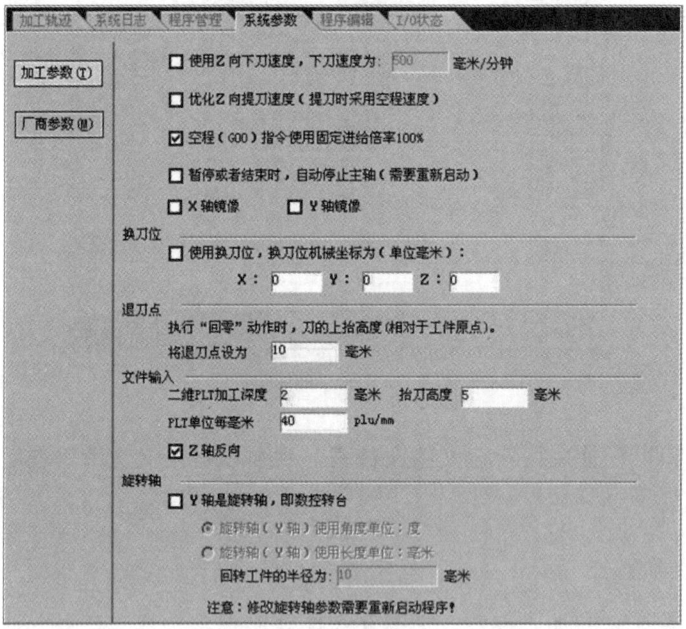

图 3-26　加工参数 2

手动速度选项组：该选项组包括手动高速和手动低速，这两个值用来控制用户在"点动"模式下的运动速度。

手动低速是指只按下手动方向键时的运动速度；手动高速是指同时按下"高速"键时的运动速度。这两个值也可以在数控状态窗口中直接设置。

自动参数选项组：
- **空程速度**：G00 指令的运动速度。

- 加工速度：G01、G02、G03 等加工指令的插补速度。

这两个值控制以自动方式运动时的速度，如果自动方式下的加工程序、MDI 指令中没有指定速度，就以这里设置的速度运动。

- 使用缺省速度：是否放弃加工程序中指定的速度，使用上面设置的系统缺省速度。
- 使用缺省转速：指示系统是否放弃加工程序中指定的主轴转速，使用人为设置的系统缺省主轴转速。
- 速度自适应优化：是否允许系统根据加工工件的连接特性，对加工速度进行优化。
- IJK 增量模式：圆心编程（IJK）是否为增量模式，某些后处理程序生成的圆弧编程使用的 IJK 值是增量值。关于这一点，请参考对应的后处理程序说明。
- 使用 Z 向下刀速度，下刀速度为：是否在 Z 向垂直向下运动时，采用特定的速度下刀。
- 优化 Z 向提刀速度（提刀是采用空程速度）：是否在 Z 向垂直向上运动时，采用 G00 速度提刀。
- 空程（G00）指令使用固定进给倍率 100%：这个参数是一个选项。指示系统在执行空程指令时，是否忽略进给倍率的影响。当改变倍率时，不影响空程移动的速度。
- 暂停或者结束时，自动停止主轴（需要重新启动）：设置当一个加工程序中途暂停或加工结束后，是否自动停止主轴转动。
- X 轴镜像：设置 X 轴进行镜像。
- Y 轴镜像：设置 Y 轴进行镜像。

换刀位选项组：

- 使用换刀位，换刀位机械坐标为（单位：毫米）：如果希望在加工完成后自动回到某个位置，请选择该选项。其他换刀位参数只有在使用换刀位有效时，才起作用。
- X、Y、Z：设置换刀位的机械坐标（注意：不是工件坐标）。

退刀点选项组：

- 退刀点：执行回工件原点、断点继续动作时，刀的上抬高度（相对于工件原点）。

文件输入选项组：

- 二维 PLT 加工深度：设置载入 PLT 文件加工时的刀具深度。
- 抬刀高度：设置 PLT 文件加工时抬起刀具的高度。
- PLT 单位每毫米：设置 PLT 单位值。
- Z 轴反向：设置是否启用 Z 轴反向功能。本系统默认为 Z 轴向上为正。

旋转轴选项组：

- Y 轴是旋转轴，即数控转台：如果 Y 轴是旋转轴，则选中该复选框。
- 其他旋转轴参数只有在旋转轴有效时，才可以设置。
- 旋转轴使用角度单位（度）：回转体加工程序文件中旋转轴以角度为单位，选中该单选按钮。
- 旋转轴使用长度单位（毫米）：如果回转体加工程序文件中旋转轴以加工表面的长度为计量单位，则选中该单选按钮，这时需要输入回转工件的半径。

工作台行程空间：

工作台行程空间指工作台的有效加工范围，这里使用的是机械坐标。注意，一般 Z 轴的机械零点在上面，所以，Z 轴的有效行程范围一般是小于零的。

根据机械限位开关的位置，确定实际的行程，对保护机床是非常有帮助的。在合理地设置了工作台行程空间后，如果机床运动超出此范围，则系统提示软限位报警，这时候起作用的不是真实的限位开关；而软件根据当前的机械坐标和工作台行程空间相比较得出的结果，不会因为撞击限位开关或者硬限位造成可能带来的损坏。

3.3 碳纤维板加工

无人机各部件碳纤维板材在通过 NcStudio 数控系统进行加工的过程中，必须完成各部件加工切割路径（刀路）生成。加工切割路径生成的软件有很多，本书采用文泰雕刻软件生成加工切割路径，文泰雕刻软件生成加工切割路径所需的 CAD 文件一般格式为"*.DXF"格式，在设计多旋翼机架零件过程中使用 SOLIDWORKS 进行设计，文件格式为"*.SLDPRT"格式，在生成加工切割路径之前必须通过 SOLIDWORKS 将三维文件"*.SLDPRT"格式转换成二维文件"*.DXF"格式，具体的文件转换过程，下面以无人机无刷电机座为例说明。

选中电机座加工平面（如图 3-27 所示），单击弹出菜单中的"▣"按钮（如图 3-28 所示）。选择"文件"菜单（如图 3-29 所示）中的"另存为"选项，选择"电机座.DXF"文件进行保存（如图 3-30 所示）。

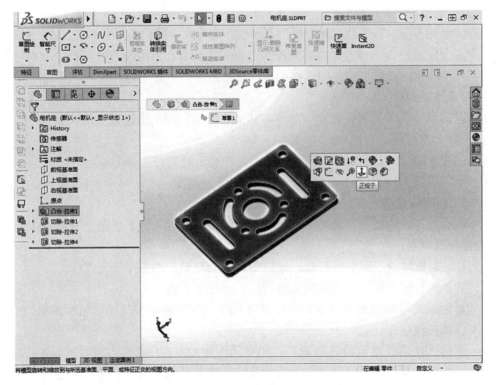

图 3-27 选中电机座加工平面

第 3 章 多旋翼无人机机架生产与加工

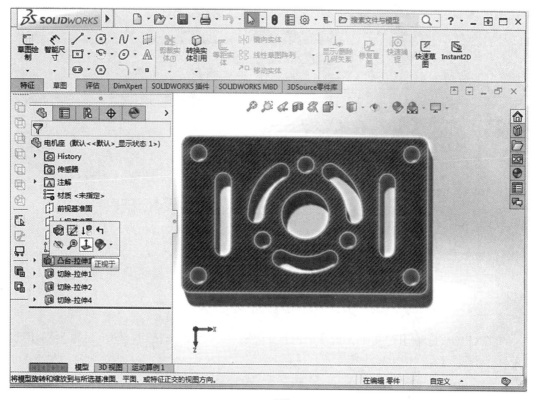

图 3-28 "⊥" 按钮

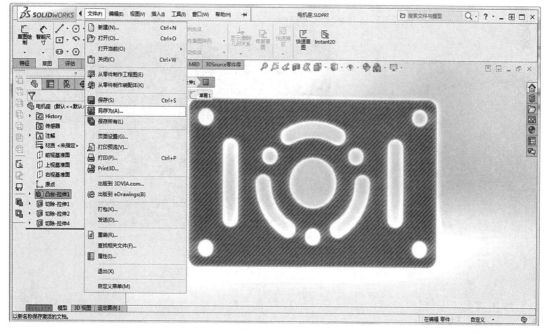

图 3-29 "文件" 菜单

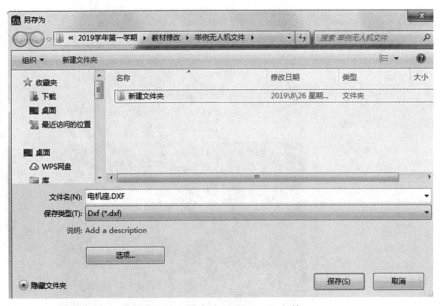

图 3-30 另存为 "*.DXF" 文件

在 DXF/DWG 输出过程中，选中"圆/环/边线（F）"单选按钮，输出对象为刚才选择并正视于的面<1>（如图 3-31 所示）。

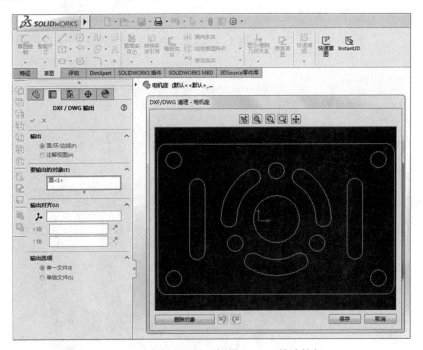

图 3-31 选中"圆/环/边线（F）"单选按钮

单击"雕"图标后，进入雕刻碳纤维板材宽、高设置，根据所加工的碳纤维板进行设置，根据碳纤维板材的安装方向选中"纵向"单选按钮或"横向"单选按钮（如图 3-32 所示），完成后单击"创建新文件"按钮。

图 3-32 创建新文件

进入"文泰雕刻 2002"后选择"F 文件"菜单中的"I 读入…"选项（如图 3-33 所示），选择"电机座.DXF"文件后单击"打开（O）"按钮（如图 3-34 所示）。

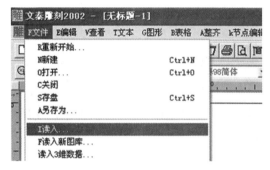

图 3-33 选择"I 读入…"选项

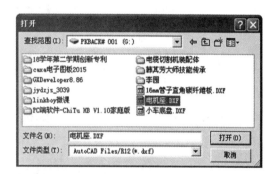

图 3-34 选择"电机座.DXF"文件

打开"电机座.DXF"文件后，将加工轮廓拖至加工设定区域的左下角（坐标 $X0, Y0$）间隔边距 5.00 毫米左右，同时与碳纤维固定夹板保持安全距离，防止撞刀（如图 3-35 所示）。

图 3-35 将加工轮廓拖至加工设定区域的左下角

选择待加工零件,单击" 割 "按钮进行切割(如图3-36所示)。

图3-36 设置切割参数

切割材料为碳纤维材料,所以刀具选择"直刀"选项,一般刀具直径为1.40~2.00毫米左右,根据自己所选择的刀具设置好合适的参数(如图3-37所示)。

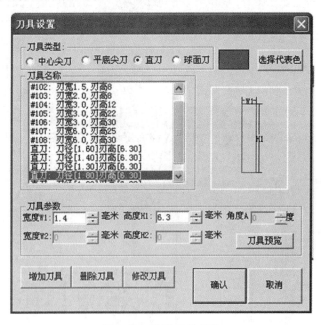

图3-37 设置刀具参数

轮廓线选择,主要有外轮廓和内轮廓。同时根据碳纤维板材厚度,以碳纤维表面为对刀点,以1.50毫米碳纤维板为例,设置雕刻深度为1.85毫米确保碳纤维板被切透(如图3-38所示)。

图 3-38　设置轮廓线

单击"确认"按钮后就会出现有颜色、有方向的切割路径，选择"F 文件"菜单中的"Z 保存雕刻路径…"选项（如图 3-39 所示）。

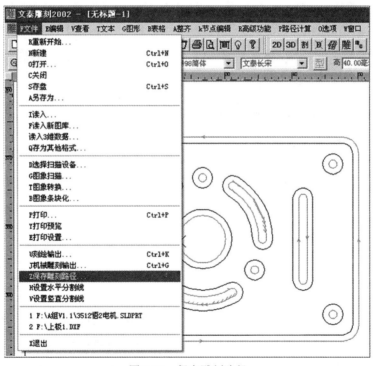

图 3-39　保存雕刻路径

在"输出文件"文本框中设置合适的路径与加工文件名称（如图 3-40 所示），最终加工文件以".nc"结尾。

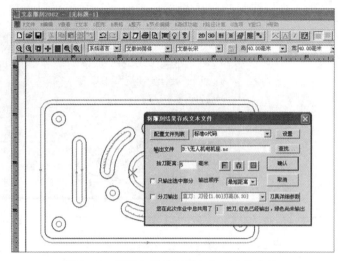

图 3-40　设置合适的路径与加工文件名称

完成切割刀路文件生成后，单击"▣"图标打开 NcStudio 软件，选择"文件（F）"菜单中的"打开并装载（O）…"选项（如图 3-41 所示），选择"文泰雕刻 2002"生成的"无人机电机座.nc"文件，单击"打开（O）"按钮载入刀路文件（如图 3-42 所示）。

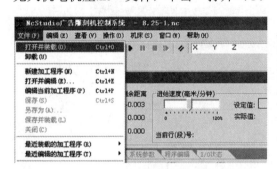

图 3-41　选择"文件（F）"菜单中的"打开并装载（O）…"选项

图 3-42　选择"无人机电机座.nc"文件

单击"▣"仿真按钮或者按下"F8"键（如图 3-43 所示）后，可以看到加工切割轮廓（如图 3-44 所示）。

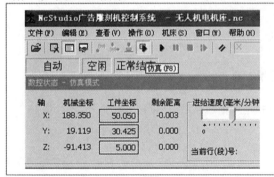

图 3-43　单击"▣"仿真按钮

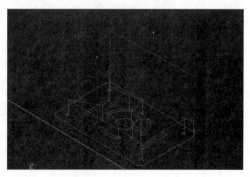

图 3-44　加工切割轮廓

通过手动移动 X、Y、Z 三轴移动方向将雕刻刀移动到碳纤维板的左下角，雕刻刀刚好与碳纤维板接触（如图 3-45 所示），单击"工件坐标"下面的按钮，将进给速度调整到合适的速度（如图 3-46 所示）。因碳纤维硬度较高，所以加工可以选取 50%左右的进给倍率，完成加工工件对刀以及进给速度调整，等待正式加工。

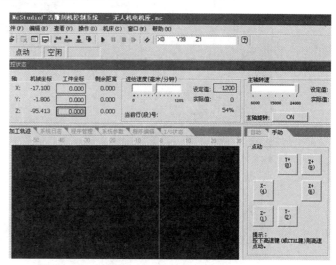

图 3-45　雕刻刀刚好与碳纤维板接触　　　　　图 3-46　调整进给速度

单击"▶"加工按钮（如图 3-47 所示），开始加工，加工过程中注意查看机器刀路是否正确，切割速度是否合适，如遇到紧急情况按下机器急停按钮或者按下"F11"键。加工完成后的零件，如图 3-48 所示。

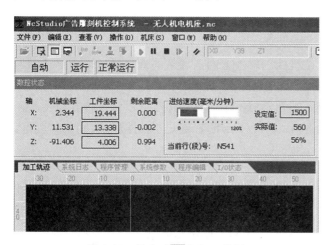

图 3-47　单击"▶"加工按钮　　　　　图 3-48　加工完成后的零件

在无人机各部分配件加工过程中，较多会采用排版后一起加工的形式（如图 3-49 所示）。在加工过程中，可以对各零件的内轮廓（主要为螺丝孔）进行加工，而后再对各零件外轮廓进行加工，确保加工正常。在对零件内轮廓加工过程中，首先需要在文泰软件内将图形进行分解，具体操作过程为选择"编辑"菜单中的"分解成图形"选项，将图形整体变为各个局部,然后按住"Shift"键进行复选,把所有内孔等内轮廓全部选中后,先进行内轮廓加工,待内轮廓加工完毕后,在此选中外轮廓进行最后的切割加工。

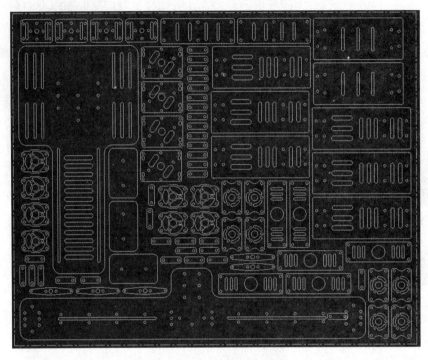

图 3-49　排版后的配件图

3.4　初识 Cura

较早接触 3D 打印机的用户,在上位机控制软件方面,通常的选择是 Repetier-Host,这款软件功能丰富,允许用户对 3D 打印机进行比较精细的控制。但是,Repetier-Host 中自带的两个切片插件 Slic3r 和 Skeinforge 却都不算好用。它们运行速度慢,内存占用高,有没有办法解决这个问题呢?幸好我们还有 Cura。Cura 的特点是切片速度快,用户体验好。

3.4.1　Cura 首次启动设置向导

Cura 的安装过程较为简单,具体不做详细介绍,Cura 的安装过程结束之后,Cura 就可以启动了。如果是首次启动,设置向导会弹出来,帮你进行初步的设置工作。这个设置向的导第一页(如图 3-50 所示)很简单,单击"Next"按钮就可以。

单击"Next"按钮之后,设置向导会询问你的打印机机型。因为 Cura 是 Ultimaker 公司开发的软件,所以 Ultimaker 肯定排在最前面。但一般学校或者工作室用得最多的是 MakerBot、RepRap Prusa i3 等,因此只能选中"其他(如:RepRap,MakeBot)"单选按钮。选好之后,单击"Next"按钮进入下一步操作(如图 3-51 所示)。

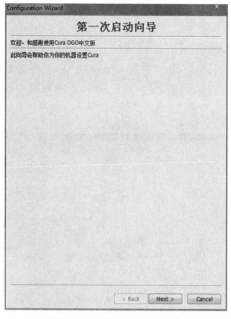

图 3-50 设置向导第一页

图 3-51 选择打印机机型

设置向导会再次询问我们具体的 3D 打印机机型,这时就有 MakerBot 与 RepRap Prusa i3 了,选择与自己打印机符合的选项(我们用的是 MakerBot),如图 3-52 所示;然后单击 "Next"按钮进入下一步操作。很明显,如果你用的 3D 打印机不同则选项不同,你需要按 照具体情况选中"Custom..."单选按钮进行设置,设置后单击"Next"按钮出现如图 3-53 所示的对话框。

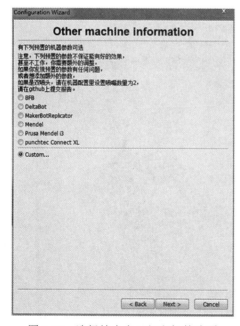

图 3-52 选择符合自己打印机的选项

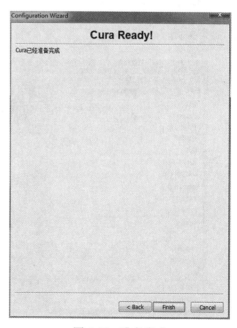

图 3-53 准备完成

这个时候 Cura 设置向导会弹出最后一页，告诉用户它已经准备好了。单击"Finish"按钮，设置向导就会关闭，Cura 主界面就弹出来了。

主界面看起来设计得很不错，下面我们一步一步教用户如何使用。第一次启动时，会自动载入作为 Cura 标志的小机器人（如图 3-54 所示）。跟主界面一起弹出的，还有 Cura 的新版本特性提示，详细地介绍了这个版本与上一版本的更新之处。这个对话框只会弹出一次，单击"OK"按钮即可。

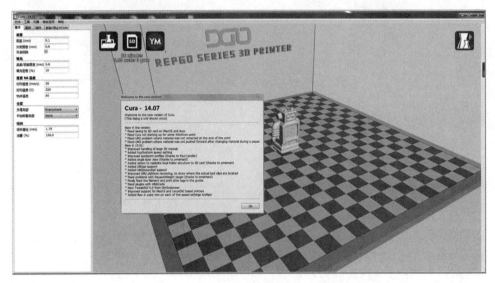

图 3-54　作为 Cura 标志的小机器人

3.4.2　模型的载入和查看

如果关闭了 Cura 再次打开，就会看到空白的场景，如图 3-55 所示。

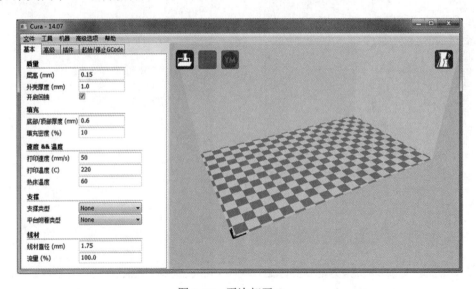

图 3-55　再次打开 Cura

图中分为左右两个窗口，左侧有一组面板，主要是用来设置切片器的。右侧是 3D 浏览窗口，可以载入、修改、保存模型，还可以以多种方式来观察模型。我们这一节主要是体验一下如何载入、查看 3D 模型。

首先，单击右侧 3D 浏览窗口左上角的""（载入）按钮（如图 3-56 所示），载入一个模型。

图 3-56　"📥"（载入）按钮

在安装 Cura 的时候，我们已经知道，Cura 支持多种 3D 模型文件格式。其中最常见的还是".stl"格式。".stl"格式是一种非常简单的 3D 模型文件格式，而且是基于文本的格式，可以直接用文本编辑工具打开查看、编辑。".stl"格式具体是怎样的，以后再独立介绍。现在，我们只要知道 Cura 支持".stl"格式的模型就可以了。

这里的例子是前期我们设计的无人机脚架"支架.sldprt"3D 模型。因为 3D 打印机需要的是"*.stl"文件，所以我们要将"支架.sldprt"文件通过 SOLIDWORKS 转换成"支架.stl"文件（如图 3-57 所示），下载这个文件之后，就可以用 Cura 打开了。

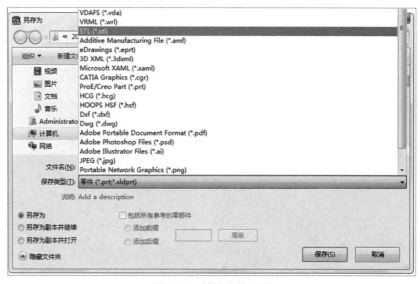

图 3-57　转换文件类型

模型载入后，马上就可以在主窗口中看到载入模型的 3D 形象。同时，在窗口的左上角标着红圈的位置处，可以看到一个进度条在前进。很快，进度条达到 100%的时候，就会显示出时间、长度和克数，同时单击"保存刀路"（Save tool path）按钮变为可用状态，如图 3-58 所示。

刚才的进度条快速前进的过程，就是 Cura 的高速切片器的工作过程。在切片器工作结束时，3D 打印的时间（45 分钟）、需要的塑料丝长度（1.58 米）、克数（5 克）就都计算好了，如图 3-59 所示。同时，我们可以单击"保存刀路"（Save tool path）按钮，把切片的结果保存为 Gcode 文件。如果你用过其他的切片软件，比如 Repetier-Host 软件中默认的切片器 Slic3r，你就知道 Cura 的切片速度要快得多，简直可以说是神速，而且切片的质量并不差。右面一个标记着"YM"的按钮，是把打印模型分享到 YouMagine 网站的功能，对于我们中文用户来说，意义就不大了，不再深入详细介绍。

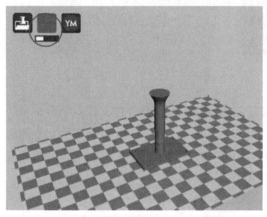

图 3-58　载入模型

图 3-59　切片工作结束

在这个 3D 观察界面（如图 3-60 所示）上，拖动鼠标，可以实现观察视点的旋转。使用鼠标滚轮，可以实现观察视点的缩放。这些动作都不改变模型本身，只是观察角度的变化，可以随意使用，不用担心做了无法恢复的动作。

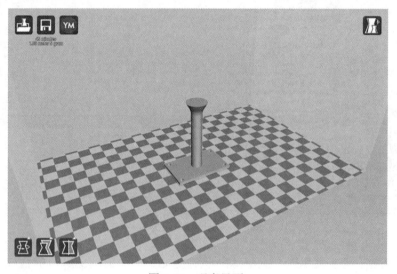

图 3-60　观察界面

除了旋转缩放的观察模式之外，Cura 还提供了多种高级的观察方法。这些方法都隐藏在右上角的按钮中。按下这个按钮，可以看到一个观察模式（View mode）菜单，如图 3-61 所示。

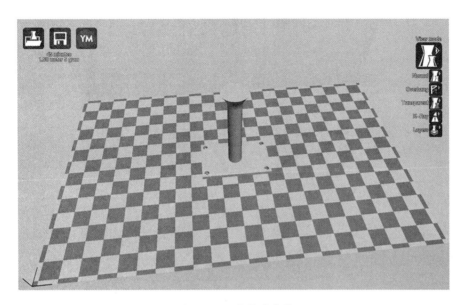

图 3-61 观察模式菜单

可以看出,目前我们用的是普通(Normal)模式,还可以选择悬垂(Overhang)模式、透明(Transparent)模式、X 光(X-Ray)模式以及层(Layers)模式。

悬垂模式下,3D 模型悬垂出来的部分,都会用红色表示。这样,可以让用户容易观察出 3D 打印模型中容易出现问题的部分。如果有必要,可以在正式打印之前解决这些问题。比如我们的脚架 3D 模型,在悬垂模式下观察,可以看到整个底板都被标为红色,如图 3-62 所示。底板因为有热床的支撑,因此肯定不会有问题。经过分析,这些红色的提示都是可以正常接受的。

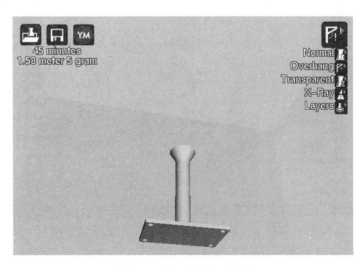

图 3-62 悬垂模式下视图

透明模式下视图如图 3-63 所示。在透明模式下,我们不仅可以观察到模型的正面,而且能同时观察到模型的反面,以及内部的构造。特别是内部的构造,对于 3D 打印来说影响还是比较大的，因此一定要先观察好再开始打印，可以看到我们的模型，内部没有任何特殊的构造。

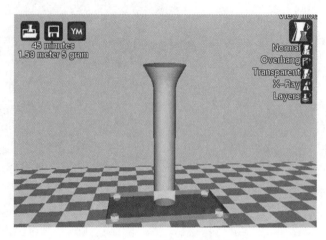

图 3-63　透明模式下视图

X 光模式下视图如图 3-64 所示。与透明模式类似，X 光模式也用来观察内部的构造。不同之处在于 X 光模式下对象表面的构造被忽略了。虽然不能看到 3D 物体表面，但内部构造可以比现实的更加清晰，便于观察。在我们的例子中，由于模型内部没有任何特殊的构造，因此这种观察模式的结果就比较无聊了。

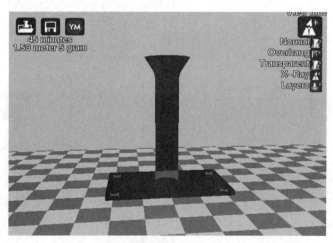

图 3-64　X 光模式下视图

最后是比较重要的层模式。层模式实际上最贴近正式的 3D 打印过程。在这种模式下，我们可以把整个 3D 模型分层展示，通过右侧的滑块，可以单独观察每一层的情况。图 3-65 所示是我们正在观察第 95 层的情况。最外层的红色表示模型的外壳。紧跟着的绿色仍是外壳的一部分，但不直接暴露在外。中间的黄色部分是填充，用于构造实心物体的中心区域。有了这些信息，就可以更好、更直观地理解 Cura 切片后规划出的每一层的 3D 打印计划。如果出了问题，也可以比较容易地解决问题。

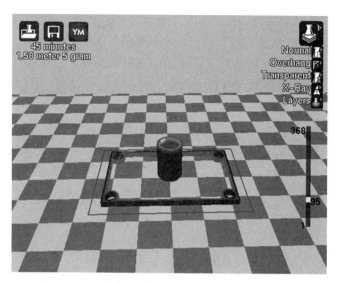

图 3-65　层模式下视图

3.4.3　模型的调整

下面我们看看左下角的几个按钮。这几个按钮，都具有一定的编辑 3D 模型的功能。虽然和 3ds Max 之类的 3D 建模软件的编辑功能相差甚远，但还是可以对模型进行简单的旋转、缩放、镜像等调整操作，方便用户 3D 打印。

首先看第一个按钮，旋转功能。单击这个按钮后，3D 模型周围就出现了红、黄、蓝三个圆圈，分别代表围绕 X 轴、Y 轴、Z 轴旋转。如图 3-66 所示，正在沿着红色圆圈旋转 90°角。直接用鼠标操作的时候，这里按照 5°为单位进行旋转。如果需要更精细的控制，可以按下键盘上的"Shift"键，这时就可以按照 1°为单位做更细致的操作了。

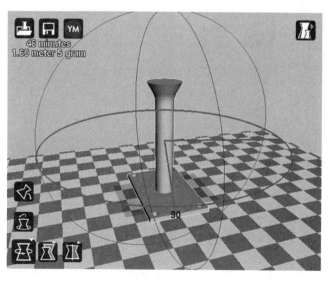

图 3-66　旋转功能

除了手动旋转 3D 模型之外，旋转按钮还弹出了""和""两个功能按钮。其一叫作躺平（Lay flat），作用是通过计算，找出最适合 3D 打印的角度。当然，这个功能没有人那么聪明，有的时候会出错，所以这个功能只能起到辅助的作用（如图 3-67 所示）。

第二个按钮就简单了，作用是复位（Reset）。单击这个按钮，刚才所做的修改会恢复到原状。

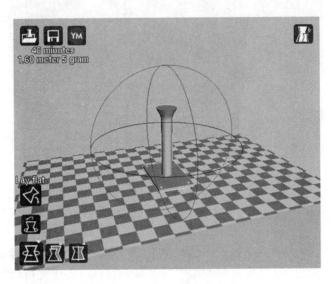

图 3-67　"Lay flat"的状态

接下来是缩放功能""（如图 3-68 所示）。这个功能也很简单，就是在 X 轴、Y 轴、Z 轴三个方向上缩放模型。用户既可以在 3D 视图上拉动红、绿、蓝小方块（"Shift"键也可以让缩放变得更平滑），也可以在弹出的输入框中直接输入数字。这些方法效果相同，用户觉得哪种方便就用哪种。

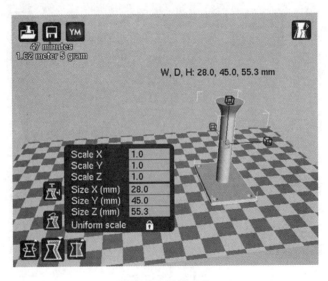

图 3-68　缩放功能

下面介绍两个弹出的功能按钮。第一个按钮叫作放至最大（To max），按下之后我们的模型就变成了巨型脚架（如图 3-69 所示），它会把脚架缩放成打印机的最大尺寸。

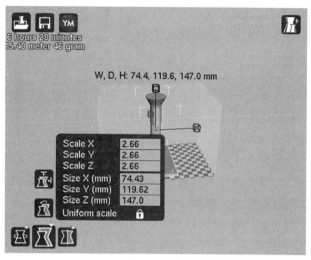

图 3-69　放至最大

你是否愿意花 6 个小时 28 分钟，使用 15 米多长的塑料丝来打印这个巨型脚架呢？

这里值得一提的是我们已经习惯了的灰色立方体，我们可以发现，灰色立方体实际上指的就是 3D 打印机的可用打印空间。这个对于一些特殊情况，特别是当打印件很大时，还是很有用的。

下面介绍缩放的第二个功能按钮。很简单，这个按钮仍然是复位（Reset）按钮。复位功能到处都有还是一个很贴心的设计。

再右面就是镜像（Mirror Z）功能了（如图 3-70 所示）。一共只有三个镜像功能按钮，分别是沿着 X 轴、Y 轴、Z 轴进行镜像操作，很简单。

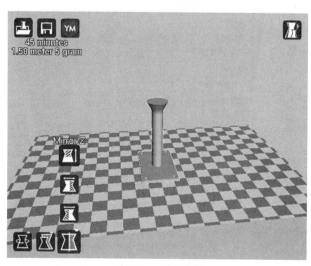

图 3-70　镜像按钮

最后，如果希望一次打印多个模型，可以多次单击"凸"（载入）按钮。如果载入了不需要的模型，可以在选中模型之后，按下键盘上的"Del"键，就可删除模型了。到这里，所有3D显示界面上的功能我们已经介绍完了。用户可以再多使用练习一下，Cura的界面设计得很好，作为用户可以很容易地上手。

3.4.4 基础切片设置

Cura最大的特色，就是它的高速切片功能。对于一个比较复杂的模型，在Slic3r里缓慢的切片过程，常常需要几十分钟的时间，最后可能还会出现内存不足的情况。同样的模型在Cura中往往只需要几十秒到几分钟，而且打印质量没有什么区别。就是这样的一个特色，让Cura在3D打印机软件中脱颖而出，成为很多3D打印机用户的首选。

说到切片，就必须说切片的参数设置。Cura的切片参数设置的特点，既足够灵活，可以满足3D打印机用户的需求，又隐藏了对于绝大多数人而言晦涩难懂的内部参数。这一节，让我们来一起研究一下Cura的切片设置。

首先，当然是软件一启动就一直在最前面展示的"基本"（Basic）选项卡了（如图3-71所示）。

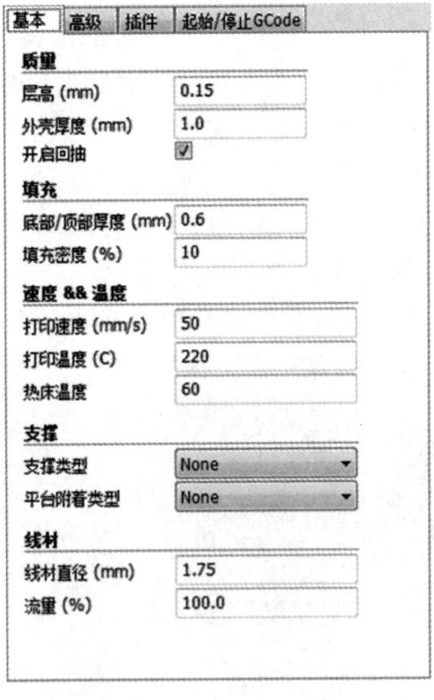

图3-71 "基本"选项卡

在"质量"（Quality）选项组中，层高（Layer height）指切片每一层的高度。这个设置直接影响到打印的速度，层高越小，打印时间越长，同时可以获得较高的打印精度。外壳厚度（Shell thickness）指的是对于一个原本实心的3D模型，在3D打印过程中四周生成一个多厚的塑料外壳。当然，除了外壳之外的部分，使用网格状的塑料格子填充。外壳厚度很大程度上影响了3D打印件的坚固程度。开启回抽（Enable retraction）指的是在两次打印间隔时将塑料丝回抽，以防止多余的塑料在间隔期被挤出，产生拉丝，影响打印质量。

在"质量"选项组中（如图 3-72 所示），层高和外壳厚度两个选项，都与 3D 打印机的挤出头直径密切相关。外壳厚度不能低于挤出头直径的 80%，而层高不能高于挤出头直径的 80%。如果设置不能满足这一点，Cura 将把输入框设置为黄色，提示用户。如果发现现在的挤出头直径设置有问题，可以先切换到"高级"（Advanced）选项卡，将最上面一项挤出头尺寸（Nozzle size）设置好再回来。

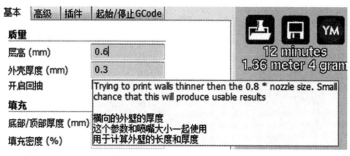

图 3-72　"质量"选项组

在"填充"（Fill）选项组中，底部/顶部厚度（Bottom/Top thickness）与外壳厚度类似，推荐这个值要和外壳厚度接近，并且是层厚和喷嘴直径的公倍数。填充密度（Fill density）指的就是原本实心的 3D 模型，内部网格状塑料填充的密度。这个值与外观无关，越小越节省材料和打印时间，但强度也会受到一定的影响。通常情况下，20%的填充密度就足够了。

在"速度&&温度"（Speed and Temperature）选项组中，打印速度（Print speed）指的是每秒挤出多少毫米的塑料丝。通常设置这个值在 50～60mm/s 之间就可以了。因为挤出头的加热速度是有限的，因此每秒钟能熔化的塑料丝也是有限的。在层高等设置得比较大的时候，这里就只能选择比较小的值，以满足挤出头挤出总量的限制。当设置不满足 Cura 的要求时，这个编辑框会变成黄色，提醒用户有问题需要解决。

下面两项温度相关的设置，就比较简单了。打印温度（Printing temperature）随使用材料的不同而不同。PLA 材料（下简称 PLA）通常将这个值设置在 210℃即可。热床温度（Bed temperature）就更简单了，设置在 60℃，让打印出来的 PLA 能比较牢固地粘在热床上就可以了。

在"支撑"（Support）选项组中，首先是支撑类型（Support type）可以在无支撑（None）、接触平台支撑（Touching build plate）或者到处支撑（Everywhere build plate）之间进行选择。接触平台支撑是只建立于平台接触的支撑。到处支撑是指模型内部的悬空部分也会建立支撑。平台附着类型（Platform adhesion type）是指是否加强模型与热床之间的附着特性，选择无（None）就是直接在热床上打印 3D 模型。如果想解决翘边的问题，可以尝试选择边缘型（Brim），这样会在第一层的周围打印一圈"帽檐"，让 3D 模型与热床之间粘得更好，打印完成时去除也相对容易。如果还不行，可以选择基座型（Raft），这样会在 3D 模型下面先打印一个有高度的基座，可以保证牢固地粘在热床上，但也不太容易去除。

支撑之类的东西，即使加了，在普通 3D 视图中也是不显示的。如果想看效果，需要切换到层模式。比如，我们的脚架模型，将它旋转 90°后，在打开接触平台支撑之后，就可以得到图 3-73 所示的效果。

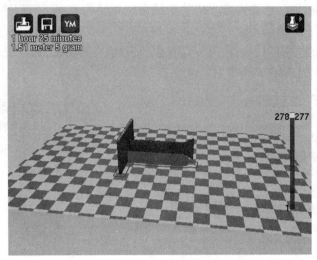

图 3-73　打开接触平台支撑后的视图

最后是"线材"（Filament）选项组。在该选项组中要指定好线材的直径，RepRap Prusa i3 似乎只能使用 1.75mm 的线材，因此线材直径（Diameter）要改为 1.75mm。流量可以设置挤出塑料量相对于默认值的百分比。如果打印机已经是校正好的，这里填 100%就好了。

3.4.5　高级切片设置

下面介绍 Cura 的"高级"选项卡（如图 3-74 所示）。

图 3-74　"高级"选项卡

在这个选项卡中，最上面的选项组是"机器"（Machine）选项组，其实就是喷嘴大小。一般用的喷嘴的尺寸为 0.4mm，显然应该把它设置为实际使用的尺寸值。

"回抽"（Retraction）选项组，可以设置回抽的速度（Speed）和回抽长度（Distance），保持默认值即可。

"质量"（Quality）选项组，与上一节"基本"选项卡中的"质量"选项组有些关系，但一般不太需要被改动。初始层厚度（Initial layer thickness）一般设置为与层高一样就可以了，把它单独列出来，其实是因为层高在一些特殊情况下可以被设置为非常小的值（比如0.05mm），但如果第一层也是这样的话就没法和热床很好地黏合了。因为这样的原因，初始层厚度可以被单独设定。初始层线宽（Initial layer line with）也与 3D 打印对象和热床之间的黏合相关，一些情况下，可以指定一个大于 100% 的值，加强这个黏合的强度。双喷头叠加量只对双头的 3D 打印机有效，两个挤出头的挤出内容，如果有一点重叠，会得到更好的效果。这些参数通常保持默认值即可。

"速度"（Speed）选项组，就是用来指定各个 3D 打印阶段的打印机运行速度。

"冷却"（Cool）选项组，用来控制制冷风扇的参数。这两个选项组很少需要修改，保持默认值即可，这里就不详细介绍了。

3.4.6 输出 Gcode 文件

有些打印机可能和 Cura 的打印功能没有良好的配合使用，但这不能代表我们不能使用 Cura 这么好的软件。除了直接用 Cura 进行打印输出，还有另外一种方法，那就是输出 Gcode 文件，然后用其他 3D 打印控制软件或者脱机打印的方式，打印 3D 模型。

想输出 Gcode 文件就非常简单了。只要选择"文件"菜单中的"保存 G 代码…"选项就可以了（如图 3-75 所示）。在弹出的对话框中，只要把路径切换到自定义的地方，单击"保存"按钮即可。

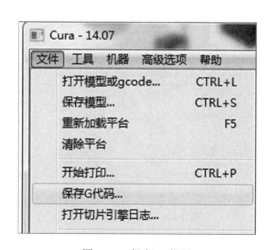

图 3-75 保存 G 代码

剩下的操作就很简单了，在 Repetier-Host 中载入刚刚保存的 Gcode 文件，或者用 CD 卡保存 Gcode 文件后再单击"运行"按钮，3D 打印机就开始工作了。如果细致观察的话，可以看出 3D 打印机的工作方式，与完全用 Repetier-Host 载入模型、切片、打印时的动作不是完全一致的。这是因为现在 Repetier-Host 只负责进行连接通信，而通信的内容，已经被 Cura 制定好了。

3.4.7 结束语

总体来说，Cura 在 3D 打印切片上有很强的优势，但在连接、控制打印机方面还存在兼容性问题。因此，Cura 可以作为 3D 打印机用户的一个补充，但在目前还不能替代 Repetier-Host 等上位机软件使用。

3.5 3D 打印机的基本应用

较早接触 3D 打印机的用户，在上位机控制软件方面，通常的选择是 Repetier-Host。这款软件功能丰富，允许用户对 3D 打印机进行比较细致的控制。但是，现在有很多软件能够通过 WIFI 等网络将多台打印机组成局域网络，远程控制以及上传、下载文件。ChiTu HB（如图 3-76 所示）就是一款不错的远程控制上位机软件，支持赤兔控制主板，功能强大，控制方便。

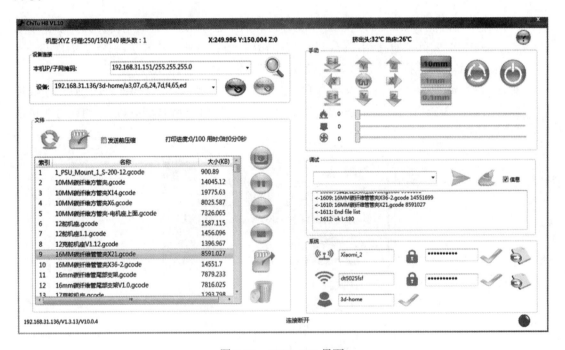

图 3-76　ChiTu HB 界面

3.5.1 连接打印机

将 3D 打印机经过配置，连接路由器或者与计算机 WIFI 点对点连接，单击"🔍"（扫描设备）按钮（如图 3-77 所示），对联网的所有 3D 打印机进行扫描，在设备一栏会出现所扫描到的打印机的基本信息，包括 IP 地址、打印机名称以及网卡物理地址信息。

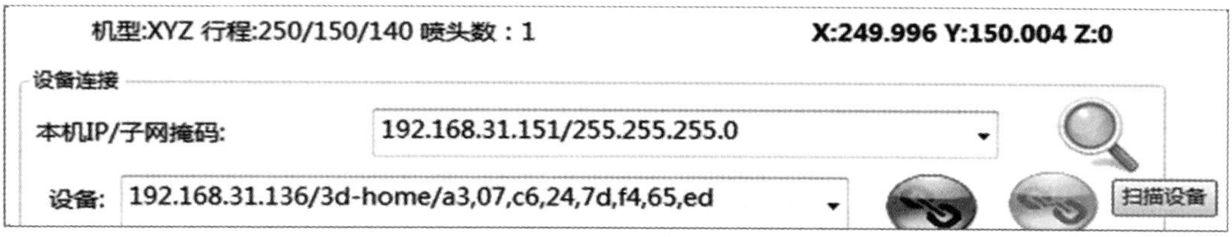

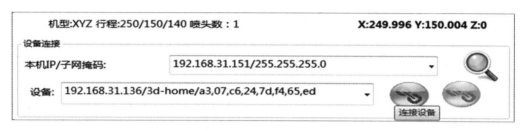

图 3-77　打印机的基本信息

在"设备"下拉列表框中选中打印机后，单击" "（连接设备）按钮（如图 3-78 所示）。

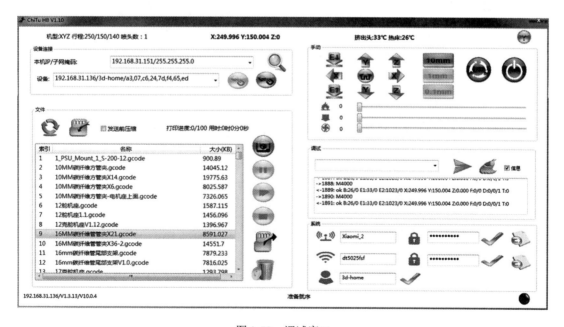

图 3-78　单击" "（连接设备）按钮

当正常连接到打印机后，文件列表框中就会显示出当前打印机中的现有 Gcode 文件，同时挤出头温度、热床温度会在窗口右上方显示（如图 3-79 所示），例如现在挤出头温度为 33℃、热床温度为 26℃；调试窗口会不断更新目前打印机的反馈信息，包括 X、Y、Z 三轴的坐标点、速度、温度等信息；右下方的指示灯也会从灰色变为绿色。

图 3-79　调试窗口

3.5.2 手动控制打印机

打印机手动控制（如图3-80所示）主要包括挤出头温度调节、热床温度调节、X、Y、Z、E（挤出头）四轴控制、返回原点、急停与关闭。

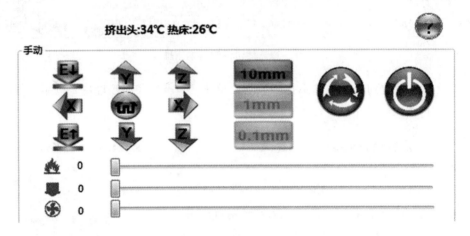

图3-80　打印机手动控制

通过手动拉动挤出头温度调节、热床温度进度条（如图3-81所示），调整合适的温度，一般打印材料为PLA，所以挤出头温度调节到211℃、热床温度调节到55℃即可，风扇会在挤出头温度达到50℃后自动开启，无须人工操作。

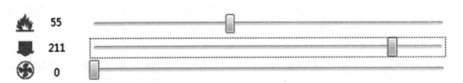

图3-81　挤出头温度调节、热床温度进度条

通过手动X、Y、Z、E四轴控制按钮（如图3-82所示）进行各轴移动，移动距离包括"10mm""1mm""0.1mm"三个选项，当温度达到170℃以上（保证PLA能被熔化）的时候，可以对E轴（挤出机）进行操作，可以对PLA进行更换。同时通过单击"⟳"（返回原点）按钮对X、Y、Z三轴进行回零操作。

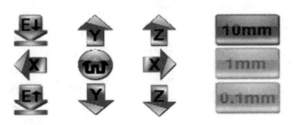

图3-82　X、Y、Z、E四轴控制按钮

3.5.3 上传、下载 Gcode 文件

在上传、下载文件之前，首先清除"发送前压缩"复选框，然后单击" "（选择发送文件）按钮（如图 3-83 所示），选择支架切片文件"支架.gcode"，当进度到达 100/100 的时候完成上传文件。若需要对 3D 打印机内部 SD 卡内的 Gcode 文件进行下载读取，则单击" "（导出文件）按钮，保存到本地合适的路径；若需要对 3D 打印机内部 SD 卡内的 Gcode 文件进行删除，则单击" "（删除文件）按钮，对上传的 Gcode 文件进行删除管理；若 SD 卡存内部文件较乱，则单击" "（刷新）按钮对 SD 卡进行刷新文件。

图 3-83　上传、下载 Gcode 文件界面

3.5.4 打印 Gcode 文件

上传 Gcode 文件后，选中需要打印的 Gcode 文件（默认上传完即选中），单击" "（打印）按钮，3D 打印机开始正式打印；单击" "（暂停）按钮，暂停打印；单击" "（继续）按钮，继续打印；单击" "（停止打印）按钮，停止打印；当打印完成后 3D 打印机自动停止，等待下次工作。

3.6 脚架等辅助部件的加工

在多轴无人机设计的过程中，GPS 支架、无人机脚架都采用了 3D 打印技术进行加工制造，主要配件包括 GPS 支架底座（如图 3-84 所示）1 个、GPS 顶部支撑板（如图 3-85 所示）1 个、脚架（如图 3-86 所示）4 个。

图 3-84　GPS 支架底座　　　图 3-85　GPS 顶部支撑板　　　图 3-86　脚架

打印之前首先将 GPS 支架底座、GPS 顶部支撑板、脚架三个文件用 SOLIDWORKS 打开后，单击"另存为"按钮，把文件从"*.SLDPRT"文件格式（如图 3-87 所示）转换成"*.STL"文件格式（如图 3-88 所示）。

图 3-87　"*.SLDPRT"文件　　　　　　　图 3-88　"*.STL"文件

打印材料采用 PLA，切片软件 Cura 的具体参数设定如图 3-89 所示。打印温度设置为 210℃、热床温度设置为 50℃，为了使打印质量更加精细，所以将"层高"设置为 0.1；为了使打印零件能够承受更大的力，将"外壳厚度"设置为 0.8；"底部/顶部厚度"设置为 0.6，"填充密度"设置为 80%；"支撑类型"设置为 Everywhere，"平台附着类型"设置为 Brim。

图 3-89　具体参数设定

单击 Cura 的"凸"（载入）按钮，选中前期转换成功的"脚架.STL"等三个文件（如图 3-90 所示），并单击"打开"按钮，将文件载入 Cura 中开始切片（如图 3-91 所示）。

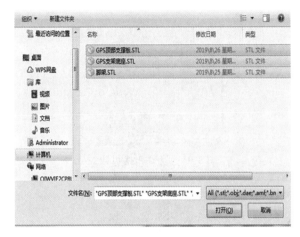 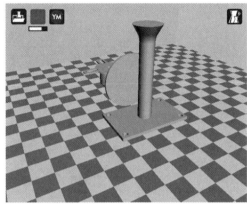

图 3-90　选中文件　　　　　　　　　图 3-91　载入切片

在正式输出 Gcode 文件之前，首先将各个三维模型通过鼠标左键单击模型后利用"凸"（Rotate 功能）将三个模型摆放合适（如图 3-92 所示），让模型在打印过程中底面尽可能与加热底板有更大的接触面积。

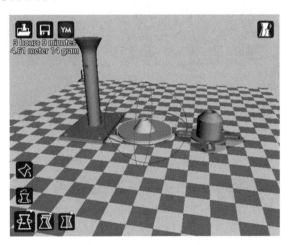

图 3-92　摆放合适后的零件

无人机脚架零件需要 4 个，所以通过选中脚架模型后单击鼠标右键选择"倍增物体"选项（如图 3-93 所示），打开"倍增"对话框，将"拷贝数量"设置为 3（如图 3-94 所示），单击"OK"按钮后，系统开始切片（如图 3-95 所示）。

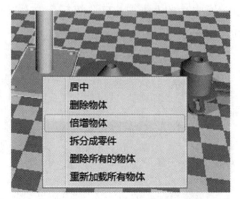

图 3-93　选择"倍增物体"选项

图 3-94　设置"拷贝数量"

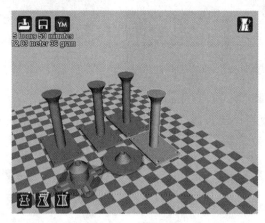

图 3-95　系统切片

切片完成后可以看到 6 个零件通过打印机打印，总共时间需要 5 小时 59 分，用掉 12.03 米 PLA 线材，总质量为 36 克，确认无误后选择"文件"菜单中的"保存 G 代码…"选项（如图 3-96 所示），将 Gcode 文件保存到合适的路径（如图 3-97 所示）。

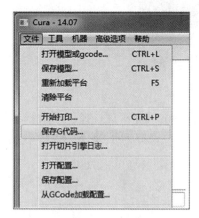

图 3-96　保存 G 代码

图 3-97　保存到合适的路径

复习与思考

3-1　NcStudio 数控系统的主要作用是什么？
3-2　NcStudio 主操作界面由哪些部分组成？
3-3　"*.SLDPRT"文件格式转换成"*.DXF"文件格式的过程是什么？
3-4　文泰软件的主要作用是什么？
3-5　雕刻刀与碳纤维板的对刀过程是什么？
3-6　Cura 软件的作用与特点是什么？
3-7　Cura 软件添加一台新打印机的基本过程是什么？
3-8　Cura 软件的 3D 观察界面有哪些模式？
3-9　如何对 Cura 软件中的模型进行微量调整？
3-10　对无人机脚架进行 3D 打印的过程中，如何进行基本设置？
3-11　"*.SLDPRT"文件格式转换成"*.STL"文件格式的流程是什么？
3-12　对于多个相同的零件一次打印执行什么命令进行调整？具体的操作步骤是什么？

第 4 章　多旋翼无人机电气控制系统的设计

基本电气设备在无人机飞行的过程中主要起到给螺旋桨提供动力、调节螺旋桨转速、保持无人机稳定、控制翼面使模型做出各种动作等作用，这些设备是整个无人机的主体控制设备，飞行的稳定、安全以及各种动作全部依托于电气设备的稳定程度。在无人机制作的过程中，主要涉及的电气设备有电机、电子调速器（简称电调）、舵机、电池、电压报警器、平衡充电器、遥控发射机、遥控接收机、飞行控制系统（陀螺仪）等。

4.1　无刷电机

一般模型采用的电机均为小型直流电机，主要分为有刷电机和无刷电机，如图 4-1 所示。有刷电机是传统产品，性能比较稳定。无刷电机是新产品，其寿命性能比有刷电机好，但其控制电路比较复杂，对元件的老化筛选要求比较严格。虽然电机寿命长，但控制电路容易出毛病。因此，选用无刷电机要经过严格的可靠性试验以确保质量。在实际的生产过程中，由于有刷有齿直流电机是高速电机，齿轮的齿很小，易磨损，但力量大，爬坡能力强。而无刷直流电机，在使用过程中省去了两三年换碳刷的麻烦。但在控制无刷电机的过程中，要求精度极高，而且无刷电机控制器的价钱也较高。相比之下，有刷无齿的直流电机虽然要更换碳刷，但更换碳刷是十分容易的，而且电机的控制较为简单，电机运转平稳，安全系数高。有刷电机在目前无人机模型中不常使用，故不多做详细介绍。

（a）有刷内转子电机　　（b）无刷内转子电机　　（c）无刷盘式外转子电机

图 4-1　模型电机

无刷电机相比有刷电机而言，效率更高，功率更大，低转速时扭力特性更好，是目前电动航模的大多数选择。

无刷电机分为内转子电机和外转子电机，内转子电机保持壳不动，轴转；外转子电机保持轴跟壳一起转（底座固定）。内转子电机在尺寸和转速上有一定优势，而外转子电机在扭力和散热等方面占据优势。

电机型号的命名是有规则的，根据型号名称可以大致判断是否是自己需要的。电机型号四位数字中的前2位代表直径，后2位代表长度。各厂家的命名方式有所不同，常见的品牌的电机型号，如2212，指的是电机内部的线圈组部件的直径为22mm，长度为12mm，而有些厂家则会把这一型号标注为2830，因为电机外壳的尺寸为28mm，长度为30mm，其实这2个是相同型号的电机。

电机还有一个重要参数：KV值。KV值表示电机在"空载"情况下，电子调速器每提升1V输出电压时，电机转速的提高量。例如某电机KV值为1400，那么在10V电压下空载转速理论上为1400*10=14000，但实际值一般不会达到，尤其是在电机装螺旋桨的情况下。与电机型号一样，KV值也是选择电机的重要标准之一。

不同的无人机需要不同型号的电机，以及电机合适的KV值，并与合理的螺旋桨搭配，才能在保护电子设备安全工作的前提下，有最合适的动力输出。

模型中比较常用到的几个无刷电机的品牌包括朗宇（SunnySky）、银燕（EMAX）、新西达（XXD）、恒力源、老虎（T-MOTOR）等。

电机价格相差较大，相对性能也相差较大。一般而言，电机的性能关键考虑几个因素。首先是电机的平衡性，质量较差的电机在高速旋转的情况下会产生离心力，导致电机高频振动、抖动，从而在航拍过程中产生纹波或者果冻现象；其次是电机的参数相同，电机的力效也存在一定差异。一般而言，质量较好的电机稳定的同时，力效也高于其他电机，例如朗宇（SunnySky）X2212 KV980电机与银燕（EMAX）XA2212 KV980电机相比较，如表4-1所示。电机参数相同、电压相同、桨叶相同的情况下，SunnySky电机的力效优于银燕EMAX电机，所以从测试数据可以得到SunnySky电机的质量要略好，当然价格也是EMAX电机的两倍；最后电机的轴承、制造的材料、加工的工艺、配套的材料等都决定着电机的性能。

表4-1 朗宇电机与银燕电机的差异

品牌	螺旋桨	电压（V）	电流（A）	推力（G）	转速（Rpm）	功率（W）	力效（G/W）
SunnySky	1047	8	8.2	520	5630	65.6	7.92
EMAX	1047	8	9.5	550	5470	76	7.23

4.2 电子调速器

无刷电机是模型界迅速崛起的新产品，因其发展迅速，性能优越，被广泛地应用于各类模型与电器设备，与之配套调速的设备被称为电子调速器。在无刷电机控制系统中，采用电子调速器驱动以及调节电机转速，常用的电子调速器有好盈、新西达、田宫、银燕、中威特等品牌。

电调按控制电机类型可分为有刷电调和无刷电调。一般有刷电调与有刷电机配套使用于攀爬、大脚等车辆模型，而无刷电调则用于航模较多，包括固定翼、涵道、多轴无人机等。

电调按方向可分为单向电调和双向电调。单向电调用于航模较多，双向电调主要用于车辆模型，其反向主要控制车辆倒车。

电调按 UBEC 功能可分为带 UBEC 输出功能的电调和无 UBEC 输出功能的电调。内置 UBEC 的电调可连接舵机、接收机直接供电；对于无 UBEC 输出功能的电调，也有专门给接收机、舵机供电外置 UBEC 供电。常用的电子调速器，如图 4-2 所示。

（a）有刷双向带 UBEC 电调　　（b）无刷双向带 UBEC 电调　　（c）无刷单向无 UBEC 电调

图 4-2　常用的电子调速器

电调的主要标识是电流，例如 40A，表示长期工作能承受的最大电流为 30A，短时间（如 10s）能承受的电流可超过此值；此外还有所支持的电池，例如标识为"2s~4s"，则表明该电调支持锂电池 2 至 4 节串联的锂电池组。

无刷电调输出线有三条，一般标号为 A、B、C，分别与无刷电机 A、B、C 三相连接，如图 4-3 所示。注意连接过程中做好短路保护措施，避免电调因短路而烧毁。在使用过程中，若发现电机与实际运转方向相反，则任意交换两相接线即可改变电机的运转方向。

图 4-3　无刷电调与无刷电机的连接

4.3　舵机

舵机也叫伺服电机，最早用于船舶上实现其转向功能。由于可以通过程序连续控制其转角，因而被广泛应用于智能小车以实现转向以及机器人的关节运动中，如图4-4所示。

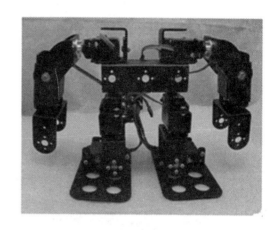

图 4-4　舵机与舵机机器人

舵机是一个根据遥控信号来决定摇臂偏转角度的器件，通过摇臂上连接的钢丝来改变飞行控制翼面的偏转角度，从而完成飞行姿态的调整。

舵机的参见参数是质量，如 9g、17g 等，不同重量级的扭力等不同，适用于不同要求的无人机。舵机的选择在于其扭矩及响应速度，根据不同无人机的要求搭配，以达到合适的操控效果。此外舵机分为模拟、数字、金属等，数字信号的舵机相比模拟的会更迅速和精准，金属舵机的齿轮组为金属，不容易损坏，但金属和数字的价格相对更贵。

一般来讲，舵机主要由以下几个部分组成，舵盘连接轴、减速齿轮组、位置反馈电位计、直流电机、控制电路等，如图 4-5 所示。

舵机的输入线共有三条（如图 4-6 所示），如表 4-2 所示，红色在中间，是电源线，一边黑色的是地线，这根线给舵机提供最基本的能源保证，主要是电机的转动消耗。电源有两种规格，一种是 4.8V，一种是 6.0V，分别对应不同的转矩标准，即输出力矩不同，6.0V 对应的要大一些，具体看应用条件；另外一根线是控制信号线，Futaba 输入线一般为白色，JR 输入线一般为橘黄色。另外要注意一点，SANWA 的某些型号的舵机引线，电源线在边上而不是在中间，需要辨认。但记住红色为电源线，黑色为地线，一般不会搞错。

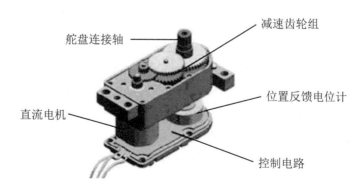

图 4-5　舵机内部结构

表 4-2 舵机输入线定义

Futaba 输入线		JR 输入线	
白色	控制信号线	橘黄色	控制信号线
黑色	电源 GND	褐色	电源 GND
红色	电源 VCC	红色	电源 VCC

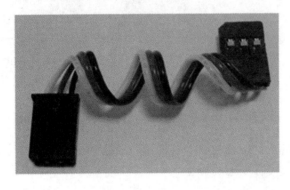

（a）Futaba 输入线　　　　　　（b）JR 输入线

图 4-6 舵机输入线

控制电路板接受来自信号线的控制信号，控制电机转动，电机带动一系列齿轮组，减速后传动至输出舵盘。舵机的输出轴和位置反馈电位计是相连的，舵盘转动的同时，带动位置反馈电位计，电位计将输出一个电压信号到控制电路板，进行反馈；然后控制电路板根据所在位置决定电机转动的方向和速度，从而达到目标停止。其工作流程为：控制信号→控制电路板→电机转动→齿轮组减速→舵盘转动→位置反馈电位计→控制电路板反馈。

舵机的控制信号周期为 20ms 的脉宽调制（PWM）信号，其中脉冲宽度从 0.5ms 至 2.5ms，相对应的舵盘位置为-90°～90°，呈线性变化。也就是说，给它提供一定的脉宽，它的输出轴就会保持在一定的对应角度上。无论外界转矩怎么改变，直到给它提供一个另外宽度的脉冲信号，它才会改变输出角度到新的对应位置上，如图 4-7 所示。舵机内部有一个基准电路，产生周期为 20ms，宽度 1.5ms 的基准信号，有一个比较器，将外加信号与基准信号相比较，判断出方向和大小，从而产生电机的转动信号。由此可见，舵机是一种位置伺服驱动器，转动范围不能超过 180°，适用于那些需要不断变化并可以保持的驱动器中，比如机器人的关节、无人机的舵面等。

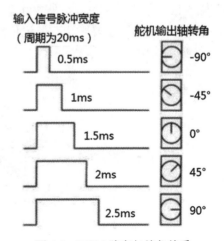

图 4-7 PWM 脉宽与舵角关系

4.4 航空电池

提供无人机电机及其他控制设备电力的设备叫电池，航空电池也叫作动力电池，它与一般手机和其他电子产品使用的电池有明显的区别，常用的无人机动力电池有锂电池、镍电池等类型，如图4-8所示。

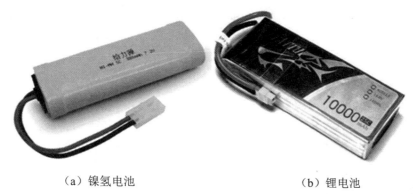

（a）镍氢电池　　　　　　　　　（b）锂电池

图4-8　常见的电池例子

（1）镍电池。

镍电池常见的有镍镉电池和镍氢电池。

Ni-Cd，镍镉电池，这个是很久以前的电池了，近年来用户买电池一般都不买镍镉电池，因为容量小，已经无法满足现在大马力输出的电机的续航时间需要。镍镉电池主要来源于一些RTR跟车配套的动力电池，因为成本低。

Ni-MH，也就是现在主流的镍氢电池。镍氢电池的容量基本上是镍镉电池容量的两倍或者以上，价格适中，爆发力强，成为现在各阶层玩家的首选。

尺寸一般分为SC（Sub-C），给1/10之类的中大型电车使用；以及2/3A电池，给1/18之类的小型电车使用。

（2）锂电池。

LiPo，锂聚合物电池。LiPo电池相对Ni-MH电池，能量密度更高，同等容量下LiPo基本上是Ni-MH一半的质量（表4-3所示为锂聚合物电池电压与容量关系）。

LiFe，传说中的A123。现在比亚迪公司设计的混合动力、电动车辆上面采用得比较多。在模型上，目前为止并不多。

锂电池的尺寸无严格区分，如果是专门给模型车制造的锂电池，其尺寸是会比普通电池更小的（长与宽可能差不多，但更薄）。

（3）不同电池之间的区别。

模型电池与普通电池的最大区别在于放电能力。一节4200mAh的动力电池可以在短短几分钟内将电量放光，普通电池完全做不到，因为其放电能力完全无法与动力电池相比。但是动力电池强大的放电能力不是没有代价的。一节动力电池，要是能达到50个充放还保持额定容量的话，那真的太神了！而普通的镍氢电池据说100次充放之后才达到最大容量，可以反复充放达上千次。所以,请不要想着用几节 AA 电池串联成 7.2V 的动力电池,或者用两个手机电池串联成 7.4V 的动力电池,那是不可能的。除非你再多并几次,才有可能达到动力电池的放电能力,但其质量和造价,都远在动力电池之上了。

表 4-3 锂聚合物电池电压与容量关系

单片电压	4.2V	3.95V	3.85V	3.73V	3.5V	2.75V
剩余容量	100%	75%	50%	25%	5%	0%
3S 电池电压	12.6V	11.85V	11.55V	11.19V	10.5V	8.25V
4S 电池电压	16.8V	15.8V	15.4V	14.92V	14V	11V
6S 电池电压	25.2V	23.7V	23.1V	22.38V	21V	16.5V

镍电池与锂电池比较,镍电池技术成熟、质量稳定、可靠,算是十分耐用了,缺点是质量较重。锂电池相对较轻,但是造价相对昂贵很多,对充放电的要求较为严格,过充或者过放都会影响锂电池的性能。目前只有极少数的电子调速器有针对锂电池进行低压保护,而且有的也都是些高级电调才支持低压保护,不是入门级用户的选择。目前而言,入门级用户要是想防止锂电池过放,很多时候只能靠自己判断。常用的判断方法:遥控器定时、电压报警器以及后面会提到的无人机 OSD 数据。

表 4-4 锂聚合物电池 LiPo 的参数对比

电池参数	容量	放电倍率	电压	建议充电电流	最大充电电流	充电截止电压	持续放电电流	质量
3S-11.1V 1300mAh 25C	1300mAh	25C	11.1V	2.6A(2C)	6.5A(5C)	12.6V	32.5A(25C)	122g
3S-11.1V 2200mAh 20C	2200mAh	20C	11.1V	4.4A(2C)	11A(5C)	12.6V	44A(20C)	186g
3S-11.1V 2200mAh 25C	2200mAh	25C	11.1V	4.4A(2C)	11A(5C)	12.6V	55A(20C)	198g
3S-11.1V 3300mAh 25C	3300mAh	25C	11.1V	6.6A(2C)	16.5A(5C)	12.6V	82.5A(25C)	296g

模型动力电池使用最多的是锂聚合物电池 LiPo,其参数对比如表 4-4 所示,以 3S 1P 2200mAh 30C 为例:3S 代表电池组是由 3 组电池串联而成,一般单片 LiPo 电池电压为 3.7V,满电压为 4.2V;1P 表示电池只有一组(在只有 1P 的情况下,往往省略不标);2200mAh 代表电池的容量。mAh 其实是"电流大小+时间"的表示方式的概念,2200mAh 是以 2200mA(毫安)的电流持续放电 1h(小时)的电量。30C 表示锂电池的放电倍率能力。对于 2200mAh 的电池来说,1C 就是 2200mA,也就是说此电池最多能够以 30 倍率即 2200*30=66000mA=66A 的电流持续放电。但是请注意一点,使用越高的放电倍率,电池的使用时间就越短,如果始终使用 30C 倍率放电,那么电池只能够坚持:60 分钟/30=2 分钟。

电池的品牌也很重要,好的品牌有足够的放电倍率,能提供足够大的输出功率,同时也不易出现问题,使用寿命相对较长。

4.5 平衡充电器

所谓平衡充电器是指能为串联电池充电的充电器,能使串联的各节锂电池达到彼此之间的相对平衡。使用平衡充电器,能使锂电池的寿命延长,并能在使用过程中增加电池的用电时间。因其在锂电池充电领域的安全性与电压精度的准确性,所以被大量应用与配套于串联锂电池,特别是航模领域。

手机、MP3 等电子设备的电池多采用单片锂离子电芯,所以采用直接充电的方式,充至 4.2V 后自动停止充电。而模型动力电池一般是由若干片电池串联组成的,电池电压更高,从而使得电流更小,确保损耗能够降到最低,但是在充电的过程中,模型电池不能采用直接提高电压,通过串联充电的形式充电。虽然在制造电池的过程中,经过筛选采用了相同规格、相同参数的电芯制造,但是由于时间的推移以及电芯个体的差异,部分电池会提前衰退,导致容量减少。在串联充电的过程中,电池组每片电芯流过的电流 I 始终保持一致,所以容量较小的电芯提前充满,而容量较大的电芯就无法充满,导致个别电芯过充而个别电芯却无法充满,长此以往使得电池损坏。所以模型电池在充电的过程中,必须确保每片电芯都能充满而又不能过充,这个时候就需要一台专门用于模型电池充电的专业平衡充电器,常用的平衡充电器如图 4-9 所示。

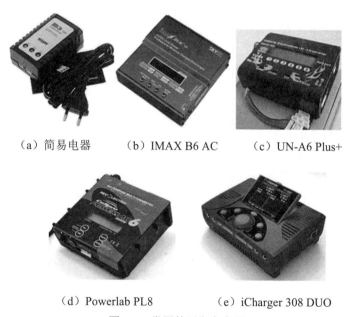

(a) 简易电器　　(b) IMAX B6 AC　　(c) UN-A6 Plus+

(d) Powerlab PL8　　(e) iCharger 308 DUO

图 4-9　常用的平衡充电器

一般平衡充电器的充电功率相差较大,入门级别的平衡充电器如图 4-10(a)(b) 所示,功率只有几十瓦,所以电源采用内置方式,无须外接电源;专业的平衡充电器为了追求充电快速,所以在使用过程中,充电电流达到几十安培,充电功率达到几千瓦,所以电源一般较大,采用外置电源为主,如图 4-10(c) 所示。电源电压一般根据充电器选择,UN-A6 Plus+充电器采用 12V/200W 左右电源,iCharger 308 DUO 采用 12~24V/1500W 左右的电源输入，但是要求电压稳定，在使用过程中禁止电压突变，防止充电器损坏，平衡充电器在使用的过程中经常会同时对多组电池进行充放电。所以也缺少不了辅助充电设备，常见的有充电保姆（UN-A6/A9 Plus+配套使用）、并充板等，如图4-10（d）（e）所示。

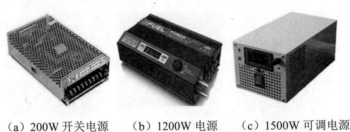

（a）200W 开关电源　　（b）1200W 电源　　（c）1500W 可调电源

（d）UN-A6/A9 Plus+充电保姆　　　　（e）并充板

图 4-10　平衡充电器与辅助充电设备

对于充电器的使用较为烦琐，不同品牌有不同的使用方法，在本书就不多做介绍了，具体的使用方法请详见产品说明书。

4.6　无线电遥控

所谓无线电遥控（Radio Control，简称 RC），就是利用无线电波对被控对象进行远距离控制。无线电遥控技术的发展只有几十年的历史，20 世纪 20 年代才刚刚出现无线电遥控的雏形。那时，人们试图将遥控技术应用于无人机和舰船，但由于技术不够完善而未能成功。第二次世界大战以后，无线电遥控技术发展迅速，并逐渐在军事、国防、工农业生产以及科学技术等方面得到了广泛的应用。20 世纪 70 年代后期，模型用的无线电遥控设备也以商品的形式逐渐出现。随着现代电子技术的飞速发展，模型用遥控设备不但实现了商品化，可靠性和灵敏度也越来越高；还形成了许多系列和品种，能满足不同层次的爱好者及不同模型的技术要求。

（1）无线电遥控的原理。

无线电遥控设备是怎样按操纵者的意图来控制模型呢？举个例子，我们平常收看的电视节目是电视台利用录音录像设备把声音和图像转化成电讯号，并通过无线电波发射出去，家里的电视机接收到这些讯号后再还原成声音和图像，这样我们就看到节目了。无线电遥控设备的工作原理也大致如此，操纵者通过拿在手中的遥控发射机（拨动发射机上的旋钮和摇杆）将控制模型前进、刹车（后退）、左右转弯的指令变成电讯号并将其发射到空中；模型车上装载的遥控接收机收到这些电讯号后再由舵机转换成机械动作，从而实现对模型车的遥控。

（2）无线电遥控的分类。

无线电遥控的款式和种类很多，通常按其通道数分类。我们把通行指令信号的道路叫作通道，一台遥控设备如果只能允许一种指令信号通行，即只能够接收一种指定信号，那么，我们就说这台遥控设备只有一个通道，模型用遥控设备有两通道、四通道……甚至十通道等多种。模型一般只控制方向和动力（刹车或倒车与动力共用一个通道），所以只需要用两通道就够了。按调制方式分类，可分为调幅（AM）式和调频（FM）式。调幅式比较简单实用，价格也便宜；调频式则性能可靠、稳定，易受其他信号的干扰。另外还有比调频式更高级的脉冲编码式（PCM 与 PPM），具有更强的抗干扰性，当然价格也很昂贵。按外形结构分类，可分为枪控和板控。板控一般用于控制无人机等通道较多的模型设备，具有较多的功能，上手比较难；枪控一般控制车、船等模型，通道数一般为二至三通道，控制速度快，上手简单，而且价格相对便宜一些。常见的无线电遥控设备，如图 4-11 所示。

(a) 天地飞 6A　　(b) 三和 MT-4S　　(c) 乐迪 AT10

(d) 天地飞 9　　(e) FUTABA 14SG　　(f) FUTABA 18AZ

图 4-11　无线电遥控常见款式

玩具模型很多使用 315MHz，也有一些使用 27MHz，一般都是国家无线电委员会规定的业余频率。以前专业模型一般采用 72MHz 晶体，不过容易被干扰，现在基本都采用 2.4GHz 的频率，能够有效防止相互干扰的问题，同时遥控距离可以达到 1km 以上。

不同的无线电遥控对应不同的遥控接收机，如图 4-12 所示。不同品牌的遥控器之间，由于技术与数据处理方式的不同,所以接收机是无法混合使用的。一定要购买原厂对应的遥控接收机,有些遥控设备对应的原厂接收机较贵,也可采用副厂接收机,但是可能会存在遥控距离近、遥控信号丢失(失控)等一系列问题。

(a)Futaba 原厂接收机　　　　　　(b)Futaba 副厂接收机

图 4-12　遥控接收机

4.7　飞行控制系统

所谓飞行控制系统(简称飞控)如图 4-13 所示,就是航模、无人机、真实飞机的飞行控制系统,是指能够稳定无人机的飞行姿态,并能控制无人机自主或半自主飞行的控制系统,相当于无人机的大脑。

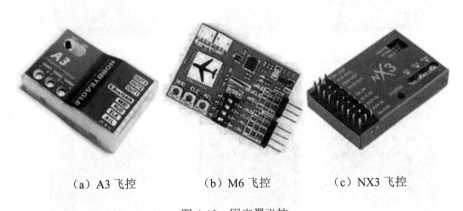

(a)A3 飞控　　　　　(b)M6 飞控　　　　　(c)NX3 飞控

图 4-13　固定翼飞控

飞控主要由陀螺仪(飞行姿态感知)、加速计、地磁感应、气压传感器(悬停控制)、GPS 模块(选装)以及控制电路组成。它的主要功能就是自动保持无人机的正常飞行姿态。

一般固定翼航模在飞行过程中,所需控制的舵面并不多,主要有油门、副翼、升降舵、起落架、襟翼等几个部分,并且操作频率不是很高。所以在没有飞控的情况下,我们还是能够将无人机操作得较为稳定。在采用固定翼无人机进行远程航线任务、航拍、测绘、监视等场合的时候,需要超远距离飞行的时候,就必须采用飞控才能完成航行任务。在目视范围内,固定翼模型可以不用安装飞控,但是对于新手或者飞行技术不够熟练的用户,可以采用专门为固定翼设计的简易飞控(也叫作陀螺仪),从而使无人机更加稳定。例如容易失速的无人机，或者外形设计本来就不好飞的无人机，还有风和气流等，飞控都能自动抵消这些负面因素。飞控上的三轴高精度陀螺能对舵面做快速灵敏的补偿动作抵消不稳定的气流，使无人机在飞行中更加稳定笔直，在一定程度的风中也不会颠簸，提高你对无人机的操控感。对于近几年火热的多旋翼无人机（以六轴为例），在飞行的过程中，需要通过对 6 个无刷电机动力输出的不断调整才能达到无人机平稳的飞行，这就需要飞控通过陀螺仪以几千 Hz 的频率去检测无人机的姿态，然后通过输出端口控制 6 个电子调速器不断地去调整 6 个无刷电机的转速，每一秒时间内要经过几千到几万次的计算，最后执行计算的结果，才能勉强使得无人机平衡，这是人脑无法完成的事情，所以飞控是多旋翼无人机整个系统的核心，是必不可少的一个组件。在真实的飞机上，一般只有起飞和降落的时候才会人工干预，在正常走航线的过程中，所有的过程全部交给飞控进行计算与执行，无须驾驶员进行操作。同时为了安全起见，一般真实飞机的飞控系统是由几套功能接近或者完全一样的模块组成的，主要目的是为了防止模块出现故障，导致坠机。采用几套功能接近的飞控进行冗余后，即使某一模块出现故障，还有其他的飞控接管飞行任务，所以我们也会经常听到国际航班民航驾驶员起飞后睡觉去了，即使这样飞机也是比较安全的交通工具，这一切的安全归根结底都在于飞控系统的功劳。

复习与思考

4-1 在无人机制作的过程中主要涉及的电气设备有哪些？
4-2 无刷电机的优缺点是什么？
4-3 无刷电机型号的命名是否有规则？
4-4 2216/1250KV 无刷电机的含义是什么？
4-5 电子调速器的定义是什么？
4-6 电子调速器的分类是什么？
4-7 电子调速器如何与电机连接？如何改变电机转向？
4-8 航空电池主要有哪些类型的电池？
4-9 6S 2P 5200mAh 30C 电池的含义是什么？
4-10 无线电遥控的分类是什么？
4-11 无线电遥控的原理是什么？
4-12 飞行控制系统的定义是什么？

第 5 章　多旋翼无人机开源控制系统的应用

5.1　初识 Pixhawk

本章主要以 Pixhawk 的改良版本 Pixraptor 为主，以如图 5-1 所示的开源硬件系统为例，教读者开源飞控系统的入门应用。

（a）Pixhawk　　　　　　（b）Pixraptor

图 5-1　常用的开源硬件系统

　　Pixraptor 是在 3DR 的 Pixhawk 的基础上改进而来的一款飞控，硬件组成与 Pixhawk 一致，因此完全兼容 Pixhawk。说到 Pixhawk，其前身是瑞士苏黎世联邦理工大学的计算机视觉与几何实验室的一群学生和导师做的 PX4 项目，后来 3DR 参与了这一项目，并整合 PX4FMU 和 PX4IO 两块板子于一体，将 PX4FMU 的主控 MCU 由 STM32F405 升级到了 STM32F427，推出了迄今为止性能最为强悍的 32 位开源飞控——Pixhawk。由于其开源性加上强悍的性能，迅速得到了广大模型玩家的认可，使得这款飞控迅速在航模无人机应用中得到普及。由于 Pixhawk 是 PX4 改进而来的，PX4 项目本身有一套自己的飞控程序，3DR 加入以后，将自己原本的 APM 程序进行了移植，所以 Pixhawk 可以运行两套飞控程序。原版程序使用 QGroundControl 调整参数，APM 程序移植使用 Mission Planner 调整参数，本书以 Mission Planner 为主。

1. 性能特点

- 32 位 STM 32F427 Cortex-M4F 核心处理器（集成浮点运算单元）
- 32 位 STM 32F100 协处理器（支持主处理器失效时的独立控制，仅限固定翼使用）
- 14 路 PWM 舵机信号输出（8 路支持失效保护时的手动控制，6 路辅助输出，兼容高电压舵机）
- 拥有大量的外接设备接口可供选择（包括多个 UART，I^2C，CAN，SPI 等）
- 集成备份系统支持空中重启并手动接管核心处理器进行手动控制，备份系统拥有独立的电源系统（仅限固定翼使用）
- 备份系统可以实现自动驾驶和手动操作自动混合控制（仅限固定翼使用）
- 支持多路电源同时供电并自动选择其中最佳的一组输入
- 协处理器配备有外置独立安全开关及 LED 状态指示灯
- 板载欧司朗 LED 状态指示灯，必要时可外接
- 配有高速 TF 卡用于扩展日志存储

传感器配置：

- ST Micro L3GD20H 16 位陀螺仪
- InvenSense MPU 6000 六轴陀螺加速度仪
- ST Micro LSM303D 14 位加速计/磁力计
- MEAS MS5611 气压计

接口配置：

- 5 路 UART 串口配置，串口 1 支持大功率输出，串口 1 和 2 支持硬件流控制
- 2 路 CAN 总线输出（CAN1 内部拥有 3.3V 收发器，CAN2 复合在串口 3 接口上）
- 兼容 Spektrum DSM / DSM2 / DSM-X®卫星接收机输入
- 兼容 Futaba S.BUS 总线输入输出
- PPM 脉位调制信号输入
- RSSI 信号强度指示输入（支持 PWM 方式或者电压方式）
- 1 路 I^2C 输出，可通过分线板扩展为多路
- 1 路 SPI 输出
- 1 路 3.3V 和 1 路 6.6V ADC 输入

电源及保护措施：

- LTC4417 三路优先级电源控制系统，优于传统的简单的二极管方案
- 舵机接口支持高电压大电流（最高不超过 7V）
- 所有输出接口均设有过流保护，输入接口则设有 ESD 防静电保护

尺寸：

- 质量：63 克（含 8 克内置防震配重）
- 体积：78mm×49mm×21mm

2. 硬件构成图

特别说明：图 5-2 中阴影部分为故障备份系统，在主处理器因供电等其他故障导致失效后，备份系统接管主处理器，直接将输入的遥控 PPM 信号解码后输出到 8 路主 PWM 输出口，因为所有的传感器单元都是挂在主处理器上的，主处理器失效也意味着传感器失效，因此备份系统只针对固定翼有效，多轴是无效的，而且备份系统如果是因为电源故障引起的话，备份电源是需要 PWM 输出口即电调口具有 5V 的电压。

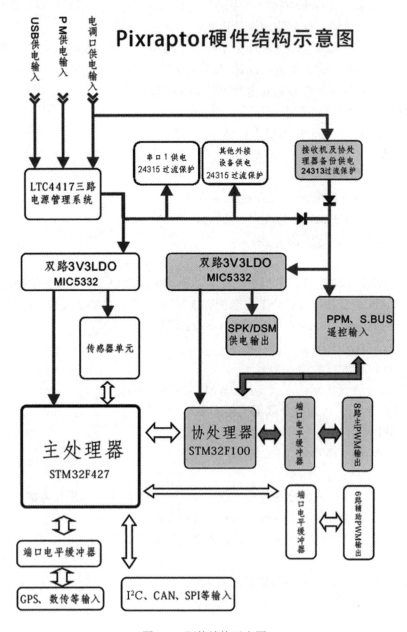

图 5-2　硬件结构示意图

3. Pixraptor 飞控输入/输出接口

Pixraptor 飞控输入/输出接口做了优化,主要分布在飞控主板的前后侧集中式布局,接线方式与接口定义如图 5-3 所示,有关的详细接线原理图请参考附录。

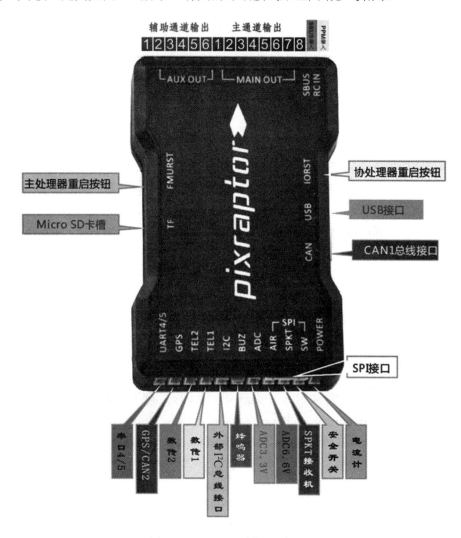

图 5-3　Pixraptor 系统 I/O 接线图

4. Pixraptor 全彩 LED 指示灯的含义

红蓝交替闪烁:系统自检中,请稍等!

黄灯双闪:不允许解锁,系统解锁前检查有未通过的选项,例如加速度、遥控未校准等。

蓝灯闪:可以解锁,锁定中,GPS 搜索中。

绿灯闪:可以解锁,锁定中,GPS 已锁定。

绿灯长亮:GPS 锁定并且已经解锁,可以起飞。

5. Pixraptor 安全开关的 LED 含义

快速闪烁：系统自检中，请稍候。
间歇快闪：自检完成，可以解锁。
常亮：已经解锁。

Pixraptor 的安全开关实际为协处理器的解锁开关，主处理器通过遥控解锁，协处理器通过安全开关解锁，遥控已经解锁而协处理器未解锁，主处理器输出的控制信号就无法通过协处理器输出给电调。

Pixraptor 的蜂鸣器报警含义：
GPS 错误：滴…滴…滴…嘟
电量低：滴滴滴滴
发现新 IO 协处理器固件：滴…嘟…滴…嘟…嘟…嘟
加载新 IO 协处理器固件成功：滴…嘟…滴…嘟…滴…嘟…滴…嘟…滴…嘟
解锁：嘟…
TF 卡未插入：滴滴滴…嘟…嘟
启动失败：嘟…嘟
上锁：滴滴

5.2　固件的更新与刷写

地面站调试软件 Mission Planner 及驱动的安装如下。

首先，Mission Planner 的安装运行需要微软的 Net Framework 4.0 组件，所以在安装 Mission Planner 之前请先下载 Net Framework 4.0 并安装，官方下载地址为：

http://www.microsoft.com/zh-cn/download/confirmation.aspx?id=17718

安装完 Net Framework 后开始下载 Mission Planner 安装程序包，最新版本的 Mission Planner 可以在以下地址下载：

http://firmware.diydrones.com/Tools/MissionPlanner/

下载页面中每个版本都提供了 MSI 版和 ZIP 版可供选择。MSI 为应用程序安装包版，安装过程中会同时安装 USB 驱动，安装后插上 USB 线即可使用。ZIP 版为绿色免安装版，解压缩即可使用，适合已经装过驱动的用户，如果因为其他原因没能装上驱动，请打开设备管理器找到未知设备，单击鼠标右键更新驱动程序，每个 Mission Planner 的程序目录下都有一个"drives"的文件夹，文件夹内包含了 PIX 所需要的驱动文件，更新驱动程序时指定到该文件夹即可。

一般第一次安装推荐 MSI 版，双击下载后的 MSI 文件，一步一步单击"Next"按钮即可，安装过程中弹出设备驱动程序安装向导时，单击"下一步"按钮继续，否则会跳过驱动程序的安装，如图 5-4 所示。

第 5 章　多旋翼无人机开源控制系统的应用

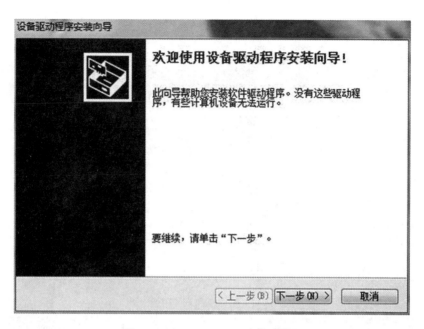

图 5-4　Mission Planner 安装步骤 1

接着勾选"始终信任"选项，然后单击"安装"按钮，如图 5-5 所示，安装程序会自动安装相关的驱动程序。安装完 Mission Planner 后，安装程序一般不会在桌面创建一个快捷方式，所以请自行打开安装目录，选择"ArdupilotMegaPlanner10"文件后单击鼠标右键，在弹出的快捷菜单中选择"发送到→桌面快捷方式"选项，以方便日后使用。

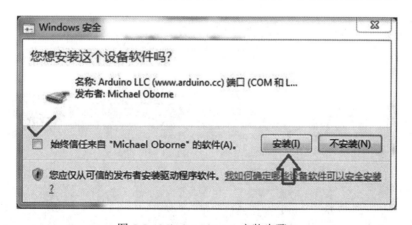

图 5-5　Mission Planner 安装步骤 2

如果你已经装好了驱动，或者换一个 MP 版本使用，那么可以直接下载 ZIP 版，就是常说的绿色版，下载解压以后找到主程序运行即可，运行 Mission Planner 主程序首先呈现的是一个多功能飞行数据仪表界面（如图 5-6 所示），最新版的 Mission Planner 已将大部分菜单汉化，英文一窍不通的也基本没有难度。

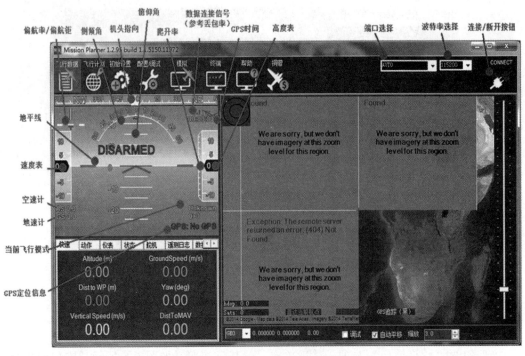

图 5-6　Mission Planner 软件界面

在熟悉了前面的 Pixraptor 与 Mission Planner 软硬件介绍后，接着就可以刷入自己所需要的固件了。虽然卖家在销售前可能会帮你刷入固件，但未必是符合你要求的固件，所以学会刷写 PIX 的固件是必须要掌握的。

先运行 Mission Planner，软件启动后单击"初始设置"按钮安装固件，MP 在线下载固件是需要网络连接到固件服务器刷写固件列表的，因此请确保网络访问正常，网络正常的话就会出现图 5-7 所示的固件列表。

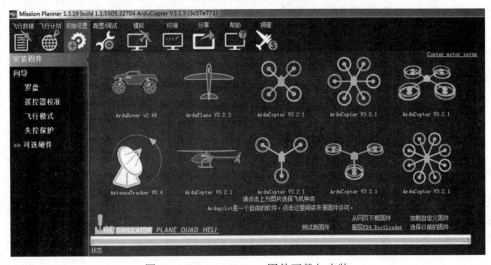

图 5-7　Mission Planner 固件下载与安装

这个列表也是在没有连上飞控的情况下才能刷写出来的，如果是在已连接的情况下选择安装固件，它会提示先断开 MavLink 连接，请先单击界面右上角的"断开连接"按钮断开，如图 5-8 所示。

图 5-8　断开连接

界面上显示各种机架类型图标的就是你所需要的固件类型，要刷四轴就选择四轴的图标，当然选择之前还要在界面的右上角选择正确的端口和波特率，如图 5-9 所示。

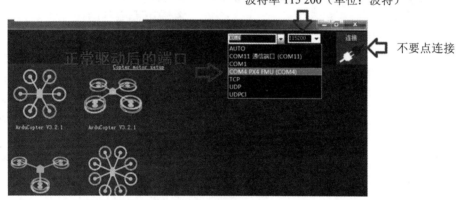

图 5-9　Mission Planner 连接参数

选好后单击所需要的固件类型图标，系统就会自动执行下一步骤：检测主板 ID 及内部固件版本检测→主板 ID 及目标固件与内部固件不同则通过检测→检测通过开始从固件服务器下载固件 PX4 文件到本地→下载完成后读取固件到缓存→读取成功开始擦除原来的固件→擦除成功开始写入→写入完成后再次读出与缓存中的数据对比校验→校验通过提示固件更新成功。这些步骤任何一个出现错误就会弹出刷写不成功的提示，弹出时注意查看内容，提示什么就排除什么。

在固件更新页面还提供退回历史版本及通过加载本地固件进行刷写的功能，以及刷写模拟器固件将飞控作为一个模拟器加密狗连接遥控与计算机进行模拟飞行，如图 5-10 所示。

使用本地固件下载可以避开因网络问题导致不能在线更新固件的问题，PIX 本地固件文件为 PX4、hex 或者 bin 后缀的文件，获取这些固件可以自行编译，除了网页下载的方法，还有一种方法提一下：每次在线刷写固件的时候，从网络上自动下载的固件都保存在 Mission Planner 的程序目录下，刷的是 PIX 主板的话会生成两个文件，分别是 firmware.hex

和 px4fw.bin，两个都可以用。这两个文件并不是固定的，每刷一次固件，都会重新覆盖一次。如果之前刷的是四轴固件，那这文件就是四轴的，在刷新六轴固件后，那就是六轴的了。因此，可以将其改名加上版本、机架类型等信息后备份使用（如果刷的是 APM 飞控的话，那只有 firmware.hex 是可用的，刷新 APM 与刷新 PIX 虽然生成的是同一个 firmware.hex 文件，但是并不通用，这一点需要注意）。

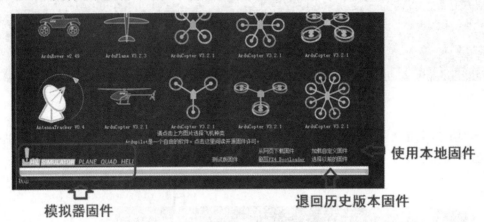

图 5-10　Mission Planner 下载页面的基本功能

刷新完固件还有一步重要工作要做，每刷一次固件，擦除的过程中并不是擦除所有的数据，数据存储区的一些参数还在，如遥控校准等参数。你会发现，飞控原来是 LED 蓝灯闪的，表示做好校准可以解锁的，刷新完之后还是蓝灯闪，也就是说，原来所有的校准参数还在。因此有必要将飞控重置到飞控固件的默认值状态，确保飞控的稳定。除了校准参数没变，不同的固件调用的参数存储地址也不尽相同，不重置一下，那可能就是系统调用同一个地址的数据时，却调来了一个错误的数据。

所谓的重置不是简单地按下飞控的"reset"按钮就行了，它需要通过终端执行"reset"命令来进行。先点开 Mission Planner 的终端界面，在右上角选择好端口和波特率后，在左边下拉框选择"PX4 主板"选项，然后单击"连接"按钮，如图 5-11 所示。

图 5-11　Mission Planner 终端连接

连接以后会自动刷新出固件版本等信息，在最后一个固件版本信息后面会有一个光标，输入"setup"命令按下"Enter"键进入 setup 目录，如图 5-12 所示。

进入 setup mode 以后输入"reset"命令按下"Enter"键，如图 5-13 所示。

图 5-12　Mission Planner 终端登录信息

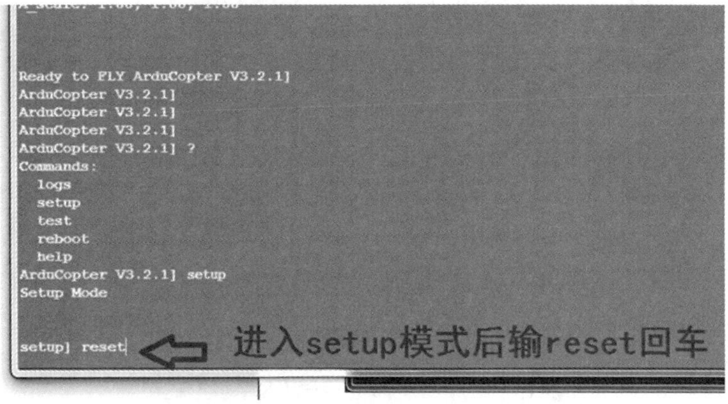

图 5-13　终端擦除数据指令

然后系统会弹出按下键盘的"Y"键确认重置，按下"Y"键以后，系统会提示"reboot boar"字符，这时按下飞控上的"FMURST"按钮重启飞控（注意不是"IORST"按钮），在确认计算机发出设备弹出提示音以及飞控重新自检的声光显示后，重置成功，成功以后界面上不会有变化，可以进行后续的校准工作了。如果之前已经校准好的飞控，重置以后会发现蓝灯闪变成了黄灯快闪，如图 5-14 所示。

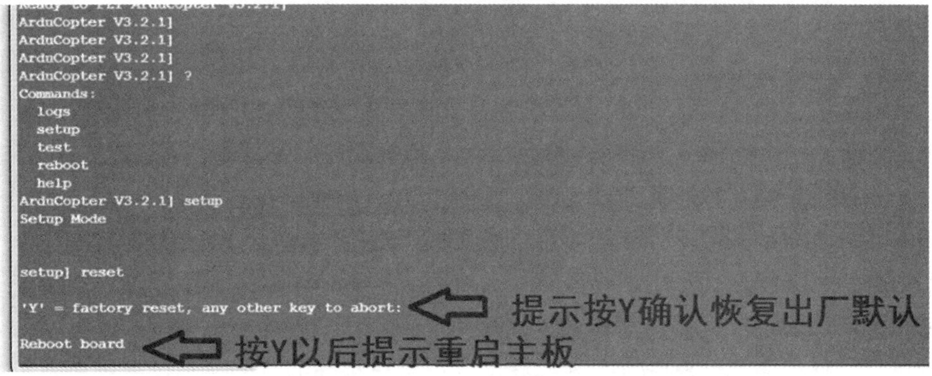

图 5-14　擦除数据

5.3　机架类型设置

也许有人会问，如果要飞"十"字形的四轴，上面刷固件时没有"十"字形的图标怎么办？其实，只要是同轴数的多轴，"十"字形与"X"字形都是同一个固件，默认刷新的是"X"字形，要切换为"十"字形，只需在选项"初始设置→必要硬件→机架类型"

那里将"X"字形改为"十"字形就可以了。注意，在不确定自己的机架类型前不要乱选择，否则错误的机架类型将导致无人机不能正常起飞。常规布局四轴对应的电机编号如图 5-15 所示。

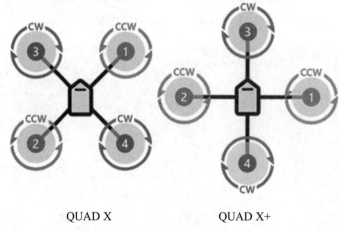

QUAD X   QUAD X+

图 5-15 "十"字形机架与"X"字形机架

5.4 初始化校准

初始化校准主要指传感器的校准和遥控校准，为电调校准，其中传感器校准包括罗盘校准和加速度计校准，没有经过校准的飞控是不允许解锁的。所以必须校准，校准的目的是为了消除偏差。以罗盘为例，罗盘的核心部件是三组相互垂直的磁致电阻构成的三轴磁阻计，每一轴都能感应磁场的变化，通过内部电桥的检测，磁场变化可以转为正负电压的变化，然后经 A/D 模数转换后就可以输出数据给飞控使用了。理论上讲，每一轴的磁阻水平指向东西方向时，数值应该是零；指向南北时，数值应该是一组正负对称的数据。例如 HMC5883 的 X 轴指北时是+200，指南时是-200（该数据不是方位数据，而是电桥模拟电压 A/D 转换后输出的结果），但是当罗盘芯片周围存在干扰动态地磁场检测的固定磁场时，例如一个小螺钉，或者是一条 PCB 布线，那么指北时可能就是+210，指南时就是-190，于是 X 轴就有了+10 的偏差，但这还不准确。实际上当三个轴每个方向都指一遍后，所记录下来的数据点用三维坐标标示出来应该是一个完美的球体，坐标原点就是球体的中心，但是如果存在干扰的话，坐标原点就会偏离球体中心，这个偏离用数据表示出来就是 X、Y、Z 轴的偏差，球体的数据点越多，偏差越准确，罗盘校准的目的就是记录这个偏差，以抵消因固定干扰磁场导致的方位检测误差，让飞控获取正确的动态地磁数据，并确定实际的南北指向。而加速度计校准就更好理解了，加速度计校准的目的是为消除元件安装误差，飞控在机架上的安装误差等，确定一个当前水平数据相对传感器原始数据的偏差，这样飞控自稳时就可以把无人机修正到当前无人机的水平面上，而不是传感器原始的水平面上。

明白这些道理就可以开始做校准了，因为加速度计校准是要在机架上装好再做的，遥控校准是要连接接收机做的，只有罗盘校准只需要连接飞控就能做。因此，第一步建议从罗盘开始做,这样飞控做 360°全方位旋转时会比较方便。

(1) 罗盘校准。

通过前面的介绍,相信对罗盘校准有了基本的了解,其目的就是不断地在各个方位旋转飞控,让飞控记录各个方位的数据并最终算出 X、Y、Z 轴的偏差。校准前先连接好飞控 USB 线,如果有外罗盘的话也一起接上,然后运行 Mission Planner 并连接好,再选择"初始设置→罗盘"选项,打开以后先确认选择了"罗盘→启用"选项,接着方向选中"Pixhawk/PX4"单选按钮,然后单击"开始校准"按钮就会弹出校准选项了,如图 5-16 所示。

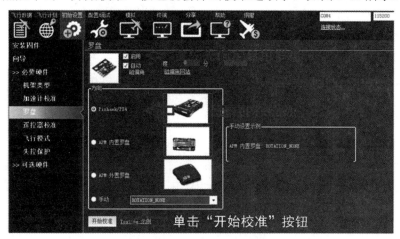

图 5-16 罗盘校准选项

弹出罗盘校准页面,如图 5-17 所示。

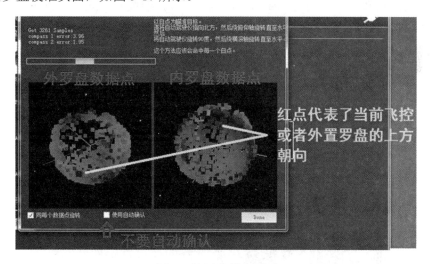

图 5-17 罗盘校准页面

左边为外罗盘的数据,右边为内罗盘数据(如果仅有一个罗盘则只显示左边有数据),屏幕下方的"使用自动确认"复选框建议不要勾选,否则会有时间的限制,然后拼命地旋转飞控和外罗盘就行了,等球体差不多成为一个圆的时候单击"Done"按钮完成,转的时候没有方向的限制,只要各个轴转到就行了,推荐用 8 字形转法。

接下来说说罗盘方向的选择，这是很关键的一个知识点，务必仔细阅读。在 Pixraptor 飞控上，包括原版的 Pixhawk，所有的传感器芯片包括罗盘芯片都是朝下安装的。因此，它的程序源码默认对这种传感器布置做了反向的应用处理，延伸到外罗盘的使用，也要求外罗盘的芯片默认是朝下安装的。如果无法确定芯片朝哪边，那就根据上图的外罗盘数据点中的红点判断，校准开始前，先正常水平放好外罗盘；如果红点在上，那就是正常的水平安装位，校准完之后按照正常的方向安装外罗盘就行了；如果红点在下，则需要对罗盘进行反向处理，即罗盘芯片的 X 轴横滚 rotation_roll_180°。换句话说，如果外罗盘芯片是朝上的，那飞控反倒要 rotation_roll_180° 处理，这点和以前的 APM 飞控相反。Rotation 的操作可以在校准罗盘之前确定方向的时候就选择好，也可以校准完之后在参数表里修改。参数名称为 COMPASS_ORIENT，值改为 14。

需要注意的是，在外罗盘旋转以后，内罗盘也是跟着旋转的，也就说，使用外罗盘旋转以后，要再使用内罗盘必须重新设置内罗盘旋转。如果外罗盘芯片本来就是朝下安装的，那就不需要旋转，内外罗盘可以自由切换使用。

在 Pixraptor 飞控上，内外罗盘的切换是自动执行的。在每次上电自检的时候，飞控会检测 I^2C 接口上是否有外罗盘数据，如果有，就会屏蔽内罗盘使用外罗盘，如果没有，外罗盘数据就使用板载的内罗盘数据。也就是说，优先使用外罗盘，没有外罗盘就使用内罗盘，两个罗盘是不会同时用的，内外罗盘的检测只在上电自检过程中进行，中途拔掉外罗盘，会提示罗盘错误，不会切换到内罗盘，要切换必须重新上电。

使用外罗盘除了要注意正反的安装，还需要注意一个指向的安装，罗盘是用来确定机头指向的，所以必然相对机架机头及飞控机头有一个对应的安装朝向，而不是随意安装的，就是说罗盘也有机头，罗盘的机头要与飞控机头一致。一般外罗盘都集成在 GPS 模块上，集成有罗盘的 GPS 一般也会表示出机头指向，只要让 GPS 标示的机头跟飞控机头一致就行了。

最后，不论使用的是外罗盘还是内罗盘，在校准完后，都建议打开地面站的指南针仪表检查一下罗盘指向是否正确，如图 5-18 所示；如果不正确，那就需要旋转处理。

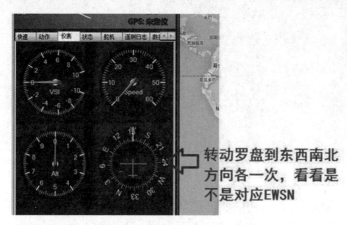

图 5-18　地面站查看罗盘校准情况

(2) 加速度计校准。

前面已经初步提到了，加速度计校准的目的是为了消除元件偏差及飞控安装偏差等，使飞控检测机架的水平状态是真正的水平状态，更确切地说是多轴所有电机所构成的一个平面的水平状态，这样飞控控制所有的电机把机架水平修正到这个校准后的水平时，所有的电机都有了对称向下的推力，因此加速度计校准需要把飞控装上机架进行，请先把飞控固定到机架上，其他设备可以先不接，仅连接 USB 即可。如果加速度计校准不好的话，飞控修正机架到目标水平状态就会是一个倾斜状态，倾斜状态下无人机整体会产生侧向分力，无人机就会横向飘移。所以，一个准确的加速度计校准将会为以后的稳定飞行奠定良好的基础。加速度计校准虽然看起来很简单，就是按提示做六个动作，分别是水平向上摆平、左边向下垂直放好、右边向下垂直放好、机头向下垂直放好、机头朝上垂直放好、机身底部朝天水平放好。但是，真正做好所有动作的关键点，还是要找好水平和垂直的参考点。

开始校准，选择"初始设置→必要硬件→加速度计校准"选项，单击右边的"校准加速度计"按钮开始校准加速度计，如图 5-19 所示。

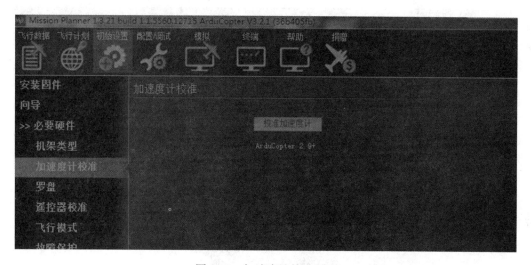

图 5-19　加速度计校准页面

校准过程中会一步一步提示如何放置无人机，总共有 6 个面校准，第一个动作是提示"Place vehicle level and press any key"，意思为"请水平放好设备然后按任意键继续"，如图 5-20 所示。

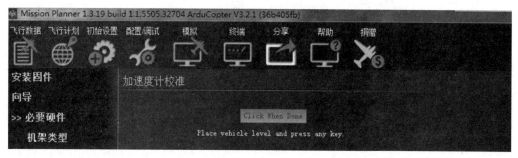

图 5-20　正面向上

在 60s 内按图 5-21 所示放置好无人机，然后按任意键继续。

图 5-21　水平正面向上放置无人机

第二个动作是"Place vehicle on its LEFT side and press any key"，如图 5-22 所示。

图 5-22　左边向下

飞控执行如下动作，如图 5-23 所示。

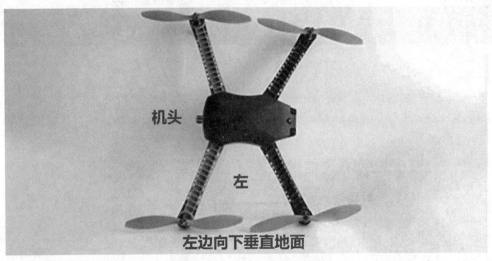

图 5-23　左边向下放置无人机

第三个动作是"Place vehicle on its RIGHT side and press any key",如图 5-24 所示。

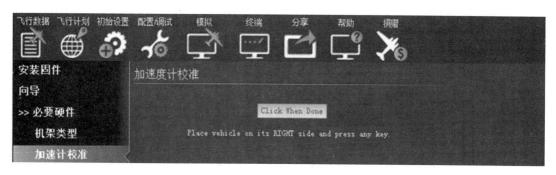

图 5-24　右边向下

无人机执行如图 5-25 所示的动作。

图 5-25　右边向下放置无人机

第四个动作是"Place vehicle nose DOWN and press any key",如图 5-26 所示。

图 5-26　机头向下

无人机执行如图 5-27 所示的动作。

图 5-27　机头向下放置无人机

第五个动作是"Place vehicle nose UP and press any key",如图 5-28 所示。

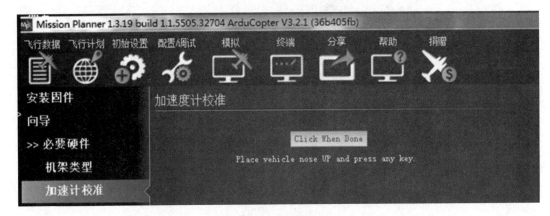

图 5-28　机头向上

无人机执行如图 5-29 所示的动作。

图 5-29　机头向上放置无人机

最后一个动作是"Place vehicle on its BACK and press any key",如图 5-30 所示。

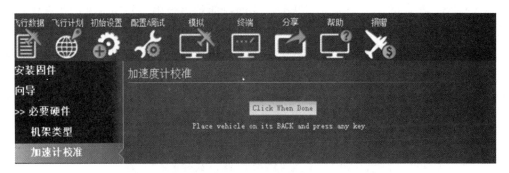

图 5-30　反面向上

无人机如图 5-31 所示放置。

图 5-31　反面向上放置无人机

上述的六个动作,每一个动作请在 60s 之内完成并继续,否则软件会自动执行下一步动作,那样的话校准就会出错,请务必认真做完。校准完成并提示成功后,返回第一个界面查看水平姿态是否准确,如图 5-32 所示的水平线和俯仰线显示正确的话就可以做下一步的遥控校准了。

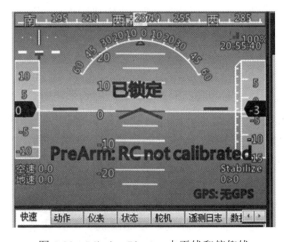

图 5-32　Mission Planner 水平线和俯仰线

关于这个界面补充一点,很多第一次接触 Pixhawk 的人会问,为什么无论我怎么校准,这个水平姿态总是反的呢?实际上这并不是反的,而是一种第一人称视觉,就等于这个窗口是你坐在无人机上所看到的窗口,当飞机向左倾斜时,相对于坐在飞机上的人来说,飞机是不动的,但是对于地平线来说,地平线相对飞机却是向右倾斜的。所以,这个界面的第一直观感觉就是无人机向左方倾斜,显示的却是向右方倾斜,而仔细查看的话,实际上代表无人机水平姿态的那两条红线始终是不会倾斜的,倾斜的是绿蓝交界的地平线,如图 5-33 所示就是无人机向左方倾斜的效果。

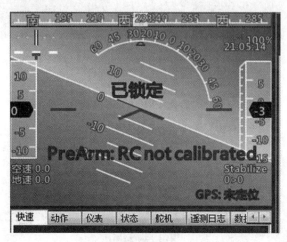

图 5-33 向左方倾斜后水平线情况

(3) 遥控校准。

遥控校准前请按接线图连接好飞控和接收机的接线,Pixraptor 不支持单个通道独立 PWM 输出的接收机,需要一个 PPM 编码器将各个通道独立 PWM 输出的信号按序排列编码成 PPM 信号输入飞控。所以,如果没有 PPM 输出的接收机的话,请选配一个 PPM 编码器。遥控校准的目的是让飞控记录所用遥控的各个通道的 PWM 变化行程。用数字直观化地表示就是假如所用的遥控油门通道 PWM 脉宽最小值是 1050μs,最大值是 2050μs,那么就需要让飞控记住这两个值,这样飞控输出时,就会从 1050μs 开始输出,最大直到 2050μs。未经校准的话,飞控默认的最小值是 1100μs,而你输入的是 1050μs,当你推动油门从 1050μs 向 1100μs 变化时,飞控无法响应这段行程如何输出,也就无法正确输出信号值了。

另外,遥控校准还有一个作用就是确定怠速的起始值,之前玩过 APM 的模友都知道 APM 的固件有个解锁怠速功能,即解锁以后,无人机的电机就会怠速选择,提醒你飞控已经解锁,可以起飞,注意安全。要取消怠速功能就需要将 MOT_SPIN_ARMED 参数的默认值 70 改为 0,其实这个 70 就是 PWM 脉宽的微秒值。如果油门最小值是 1050μs 的话,那怠速时输出的就是 1050+70=1120μs,改为 0 就是不加怠速,改为 150 就是加 150μs 的脉宽,150 是最高怠速了。

所以正确校准遥控是非常关键的,没有正确校准的话,有可能导致不能解锁,或者解锁以后就算是推满油门,电调输出转速也还是始终上不去,这些都是没有正确校准遥控的结果。

在遥控校准之前还有一步工作要做,就是要保证接收机输出各个通道都是独立的。通道之间没有混控,即遥控设置为固定翼模式,不管飞的是固定翼、多轴还是直升机,通过飞控控制的话,遥控上都要设置为固定翼模式。至于怎么输出混控,交给飞控去执行。另外调整遥控上所有的微调归零,舵角恢复正负 100%,做好这些,都将有利于后期的调整参数。

做好这些前期准备工作后,就可以开始遥控校准了。选择 MP 的"初始设置→必要硬件→遥控器校准"选项,如果接收机连接正确的话,将会显示如图 5-34 所示的界面。

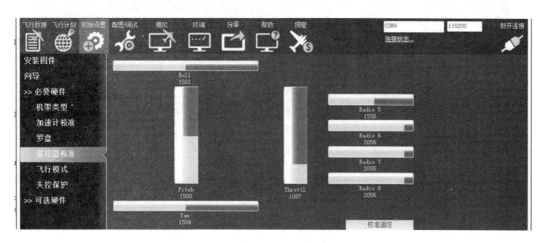

图 5-34 Mission Planner 校准遥控界面

打开这个界面以后,对于新手来说,不建议直接单击"校准遥控"按钮开始校准,而是先拨动遥控摇杆看下每个通道是否对应。例如拨油门摇杆,检查界面上的"throttl"指示条是否对应跟随变化。如果不对应的话,有混控的要取消混控,有通道反的要反回来,如图 5-35 所示。

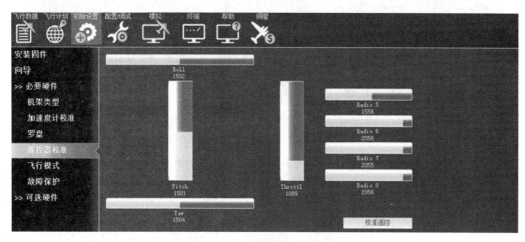

图 5-35 查看通道是否对应

确认各个通道正常以后,单击"校准遥控"按钮开始校准,单击以后所有有信号的通道都会出现代表目前最大值和最小值的红色指示条,如图 5-36 所示。这是刚点开没动遥控时的红色指示条显示,因为没有拨动遥控,它记录的最小值和最大值靠得很近,有些是重合在一起的。

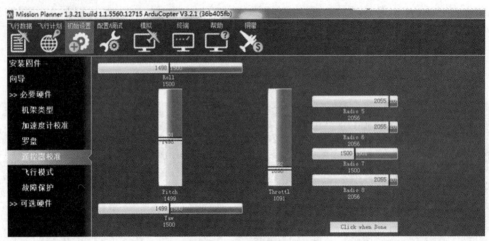

图 5-36　开始校准遥控器

然后所有的通道都最大、最小拨一下,界面就会呈现最大 PWM 值和最小 PWM 值,如图 5-37 所示。

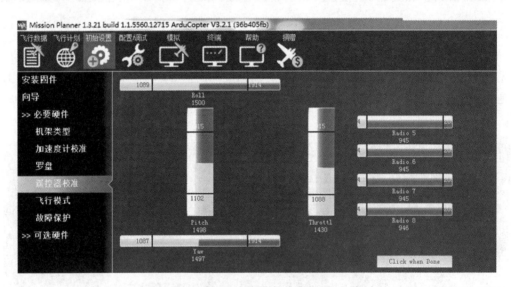

图 5-37　遥控器校准最大、最小 PWM 值

在完成所有通道的调整后,最好多试几次,使系统尽量多几次记录最大值和最小值,然后单击"Click When Done"按钮,在弹出 Min 和 Max 值确认的窗口确认以后就完成了遥控的校准。实际上,除了 Min 和 Max 即最小值和最大值之外,系统还会记录一个 Trim 中间值,这个值是由单击"Click When Done"按钮之前遥控器摇杆所处的位置决定的。例如副翼、俯仰、方向这三个通道的遥杆,因为这三个通道的遥控是弹簧回中的,所以一般

单击"Click When Done"按钮之前,这三个通道的值都是 1500 左右的,这是正常的 Trim 值。但是油门通道就非常不确定了,由于油门通道是拨哪定哪,也就使得 Trim 值会因为各人在单击"Click When Done"按钮之前摇杆所在的位置不同而不同,有些人会直接收至最低,这使得 Trim 值和 Min 值非常接近,甚至还可能出现油门 Trim 值低于 Min 值的现象。出现这种现象的话,结果就是解锁以后,油门怎么推,输出就是不上去。所以建议单击"Click When Done"按钮之前,要让油门摇杆高于最低的位置。Min 值最小,Trim 值中间,Max 值最大,这三个值会直接影响输出曲线,尤其是油门通道的这三个值非常关键。因为油门通道的遥控通道值是直接映射为电调输出的,油门通道的最小值是多少,输出到电调的起始值也是多少。查看这三个值可以选择"配置/调试→全部参数表"选项,找到 RC 开头的参数进行查看,建议每次校准完遥控都查看一下,如图 5-38 所示就是 RC1 副翼通道显示的正常的 Min 值、Trim 值、Max 值,俯仰是 RC2,油门通道是 RC3,方向是 RC4,请自行检查。

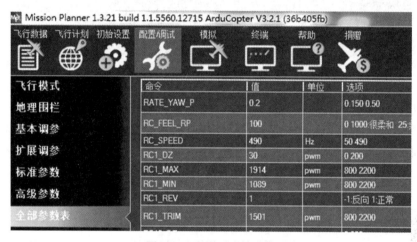

图 5-38 通道对应校准值

5.5 试解锁检查

在正确做完上述的罗盘、加速度、遥控三个校准以后,飞控的 LED 指示灯应该由黄色快速双闪变成蓝色慢闪了,表示飞控可以解锁,这时就可以尝试解锁了。解锁前请先按住飞控的安全开关,直至安全开关上的红灯常亮将协处理器解锁,协处理器未解锁主处理器也不能解锁。解锁的动作是油门最低,方向向右最大,不管是左手油门还是右手油门,系统识别解锁动作的标志就是这两个通道的值,即识别第三通道的值是否最小和第四通道的值是否最大。而有些新手甚至分不清自己的遥控哪个是方向摇杆,哪个是副翼摇杆,有些是因为通道反向导致不能解锁,因此建议试解锁检查选择 MP 的"初始设置→故障保护"选项。然后在遥控上做解锁动作,那么故障保护页面也应该如图 5-39 所示,第三通道的指示条走到最左边,第四通道走到最右边。这是系统默认能识别的唯一解锁状态,如果做解锁动作时,遥控输入的指示条不是如图所示,那么就需要确认解锁动作是否做对了,或者通道方向是否正确,或者接收机接线是否接对了,这一点新手尤其要注意。

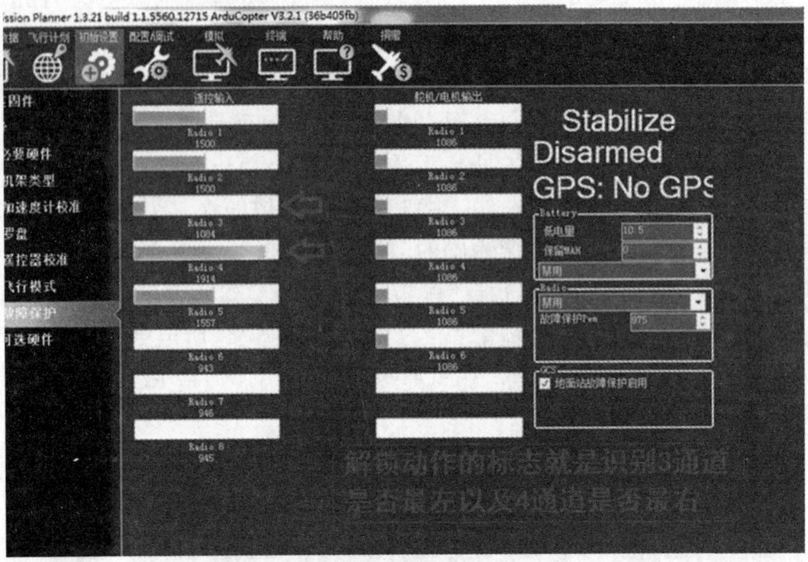

图 5-39 解锁第三通道和第四通道对应的 PWM 值

解锁动作是油门最低方向最右坚持大概 5s,解锁成功的话,飞控蜂鸣器会长鸣一下,LED 指示灯会蓝灯常亮或者绿灯常亮,故障保护页面上也会提示"ARMED"表示已经解锁,解锁成功的话,就可以检查输出正常不正常了,能否正常输出是检验前面的校准是否做对的重要一步。正常的话,解锁以后推满油门,那么输出应该如图 5-40 所示。

注意: 做这些检查都是需要在飞控未连接电调或者电调未上电池或者电机未装桨的情况下做的。

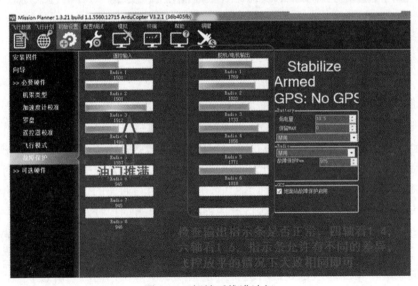

图 5-40 解锁后推满油门

解锁以后，油门最低状态 15s 无操作，飞控会自动上锁，不要误认为解锁没成功，这是一种有效的安全机制。手动上锁动作是油门最低，方向最左。常见的左、右手油门遥控的上锁方法，如图 5-41 所示。

美国型号

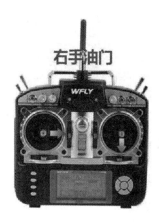
日本型号

图 5-41　上锁方法

5.6　电调校准

电调校准的目的跟上面所说的遥控校准目的差不多，是让电调记住遥控油门的最大值和最小值，使得电调识别有效的 PWM 信号是从遥控油门通道的最小值开始输出的。电调校准可以单个电调分别连接遥控接收机的油门通道逐个进行，基本步骤就是电调先不要上电（电调需要接好电机，校准过程中的声音提示都是通过电机发声的），然后遥控油门摇杆拨最大，在油门摇杆的最大状态下给电调上电，电调"嘀嘀"两声进入校准模式，此时迅速拉低油门，电调"嘀"一声或者一串音乐符后校准成功。因为飞控的遥控校准已经记录了遥控最小值、最大值，并且输出也是从最小值开始的，因此电调校准也可以通过飞控进行，并且通过飞控校准的话，可以一次性同步校准所有电调。

通过飞控校准电调，需要让 Pixraptor 飞控进入电调校准模式，在电调校准模式下，飞控会将油门输入的值直接映射到每个输出通道上，这样就可以同步校准所有的电调了。Pixraptor 飞控进入电调校准模式的方法如下：

在连接好所有需要连接设备的情况下，包括接收机、飞控、所有电调及电机（电机不能装桨），不要给飞控和电调上电，先打开遥控器电源，把油门摇杆推到最大。

给飞控上电，飞控自检过程中检测到油门通道是最大值状态时，就不会进入正常的启动模式状态，而是记录这个状态使飞控在下一次上电时进入一种电调校准模式状态，此时飞控的 LED 指示灯是红绿蓝滚闪的，确认这一状态后，给飞控断电。

再次保持遥控油门最高的状态给飞控重新上电，飞控自检后蜂鸣器嗒音长鸣一下，LED 指示灯红绿蓝滚闪，飞控就正式进入电调校准模式了。

进入电调校准模式后，因为此时的协处理器的安全开关还没有解锁，遥控的油门最大信号还无法通过协处理器输出给电调，此时按住协处理器的解锁开关即 Pixraptor 的安全开关解锁，遥控的油门最大信号就会同步输出给所有的在线电调，所有电调同时"嘀嘀"两声后，立刻拉低油门，电调"嘀"一声或者一串音乐符后校准成功。

此时再推油门，所有电机应该可以同步旋转了。再次断电，保持油门摇杆最低给飞控上电，飞控就会退出电调校准模式，以正常模式启动。

切记电调校准模式是一种非常危险的模式，正常飞行使用时，一定不能在遥控的油门摇杆最大状态下给飞控上电，并按住安全开关解锁。

备注：校准过程中的电调声音因不同的电调厂家设置不同会有不同，注意区别即可。

5.7 飞行模式设置

在完成所有的初始化校准和电调校准后，此时无人机已经具备了基本的飞行能力，要给无人机赋予不同的飞行功能的话，就需要设置无人机的飞行模式了。Pixraptor 飞控刷入 MP 地面站的多轴固件即所谓的 APM 固件，它的飞行模式切换是通过遥控的第五通道（固定翼八通道）进行的，加上辅助的第七通道和第八通道的开关量控制，还可以拓展 1~2 个飞行模式。我们知道，普通遥控接收机每个通道输出的都是标准舵机信号，这是一种 PWM 脉宽信号，一般遥控的脉宽值大概是 1000~2000μs，Pixraptor 会把第五通道输入的这个值分成 6 段，分别是 0~1230，1231~1360，1361~1490，1491~1620，1621~1749，1750+，Pixraptor 读取到第五通道的 PWM 值分别位于这几个区间时，就可以对应开启一种飞行模式，因此可以有六个飞行模式设置。比如推荐的六个值是 1165，1295，1425，1555，1685，1815，当五通道值是 1165 时，属于 0~1230PWM 段，因此开启第一飞行模式；当第五通道的值是 1555 时，属于 1491~1620PWM 段，对应开启第四飞行模式。其他类推，这种六段 PWM 值的输出能力需要遥控器的支持，具体请参阅相关遥控的设置六段开关教程，这里只能提供 AT10 六段位开关的设置，无法对各类遥控一一说明。

在设置 Pixhawk 的六段开关前，需要对遥控进行一些基本的配置：（1）设置为固定翼模式（不管 Pixhawk 刷的什么固件，包括直升机，与之搭配的遥控必须设为固定翼模式，即每个通道独立输出）；（2）指定通道开关；（3）矫正通道正反相，如图 5-42 所示。现简要说明这几个配置的设置方法。

（1）设置固定翼模式。打开遥控开关，长按"MODE"键，系统进入基础菜单，在基础菜单内，移动导航键至系统功能设置菜单，按压"PUSH"键进入；然后使用导航键移到机型一栏，使用"PUSH"键的旋转功能将机型选为固定翼模型；然后长按"PUSH"键，界面弹出确定改变的提示后，松开"PUSH"键，再回按一下"PUSH"键确认，系统就会将当前机型切换为固定翼模型了，如图 5-43 所示。

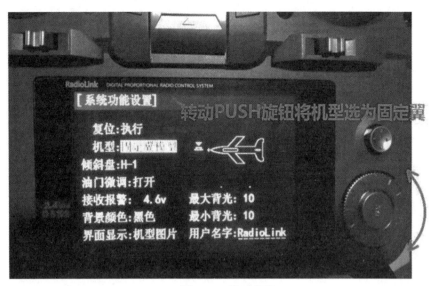

图 5-42　基础菜单

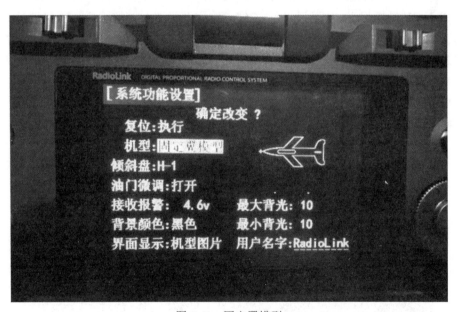

图 5-43　固定翼模型

（2）指定通道开关。通道开关的指定在基础菜单的辅助通道功能菜单下，进入辅助通道功能菜单后，使用导航键移动通道项目，使用"PUSH"键的旋转功能选择开关或旋钮名称，Sw 代表开关，Vr 代表旋钮，Ls 代表逻辑开关，图 5-44 所示为搭配 Pixhawk 使用时的通道开关参考配置。结合本教材，请将第五通道指定到 SwA 上，不要给 SwE 指定通道，因为下面将利用 A，E 这两个开关设置六段开关混控。

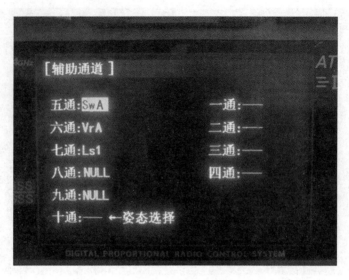

图 5-44　参考配置

（3）通道正反相配置：这个主要配第一通道到第四通道的正反相，如果正反相配置错误，将会使 Pixhawk 操控相反，甚至不能正常解锁，因此设置通道的正反相需要 Pixhawk 连接计算机进行检查。在 MP 软件的 RC 校准界面或者 fail safe 界面下实时查看遥控的输入状态，最终的控制要求是俯仰和油门摇杆向前推时，第二通道和第三通道指示条右移变大，副翼和方向摇杆右推时，第一通道和第四通道的指示条右移变大。例如笔者的 AT10 控为左手油门，根据实际输出，就需要将第二通道和第三通道反相处理，此功能在基础菜单的舵机相位菜单下，如图 5-45 所示。

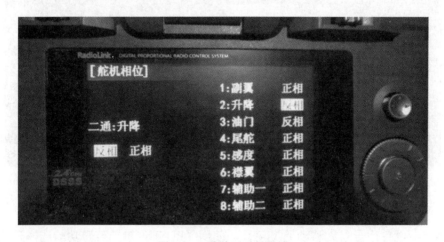

图 5-45　通道正反相配置

AT10 设置好了以上应用于 Pixhawk 的基本配置后，就可以正式开始设置六段开关了。在设置之前，请先把接收机、Pixhawk 和计算机都连接好，并打开 MP 连接，选择 MP 初始设置菜单下的"Flight Modes"选项，目的是实时查看当前接收机的输出状态以及飞行模式的切换状态，如图 5-46 所示。

第 5 章　多旋翼无人机开源控制系统的应用

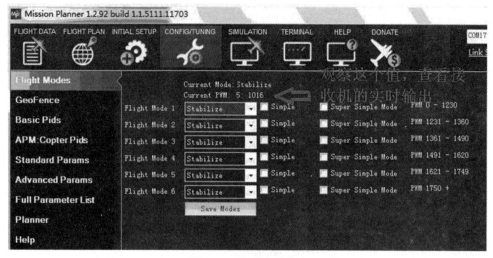

图 5-46　实时查看状态

图 5-47 是一个混控思路图，基本思路如下：

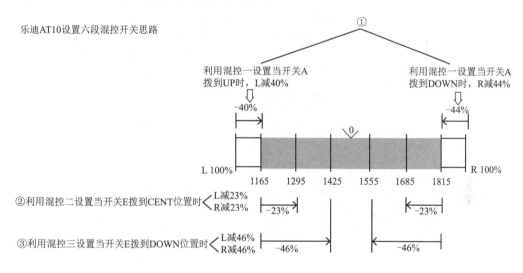

图 5-47　混控思路图

（1）第五通道指定到开关 A 上，A 是一个二挡开关，设置混控一让开关 A 拨到 UP 和 DOWN 位置时分别对 L、R 两边的值进行自我混控，自我衰减到两个基准值（1165 和 1815）。

（2）开关 E 是一个三挡开关，当 E 拨在 UP 位置时，开关 E 不参与混控，开关 A 的切换只输出两个基准值（1165 和 1815）。

（3）当开关 E 拨到 CENT 中间位置时，混控二开启，L、R 两边分别衰减 23%。因此，开关 A 的上下切换会得到两个衰减后的值（1295 和 1685）。

（4）当开关 E 拨到 DOWN 位置时，混控三开启，L、R 两边分别衰减 46%。因此，开关 A 的上下切换会得到两个衰减后的值（1425 和 1555）。

由此实现以下六个模式的切换：

SWA_UP　　　+　SWE_UP　　　=飞行模式一
SWA_UP　　　+　SWE_CENT　　=飞行模式二
SWA_UP　　　+　SWE_DOWN　　=飞行模式三
SWA_DOWN　　+　SWE_DOWN　　=飞行模式四
SWA_DOWN　　+　SWE_CENT　　=飞行模式五
SWA_DOWN　　+　SWE_UP　　　=飞行模式六

开始正式设置：

打开遥控器电源，长按"MODE"键进入基础菜单，再短按一下"MODE"键进入高级菜单，导航键选择"可编程混控"选项，按下"PUSH"键进入，选择普通模式混控一进入，然后根据图 5-48 的提示按步骤设置混控一。

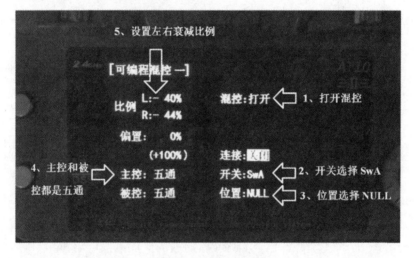

图 5-48　高级菜单

注意： 以上设置前四个项目是通过导航键来移动的，数值的更改是旋转"PUSH"旋钮来实现，第一步先将混控选择"打开"选项，然后开关选择"SwA"选项，位置选择"NULL"选项，主控和被控都选择"五通"选项，设置好这些后，导航键移动到比例一栏，此时 L、R 的选择就已经是通过开关 A 来选择了，A 拨到 UP，L 高亮显示，表示可以更改数值，此时逆时针转动"PUSH"旋钮，L 的衰减比例数值变大，对应 MP 屏幕上的 PWM 输出数值会增大，继续转动"PUSH"旋钮直到数值调整为 1165 附近，由此完成飞行模式一的配置，遥控一般显示衰减了 40%。然后开关 A 拨到 DOWN 位置，R 会高亮，同样逆时针旋转"PUSH"旋钮，使 MP 上显示的数值调整到 1815 附近，由此完成飞行模式六的配置，遥控显示衰减了 44%。混控思路图中的第一步设置完成。

接下来配置混控二，如图 5-49 所示。先把遥控上的开关 E 打到中间位置，然后进入普通混控模式下的混控二，设置步骤跟混控一基本相同，第一步先打开混控，第二步开关选择"SwE"选项，第三步位置选择"CENT"选项，这一步很关键，选错了开关就乱了，主控和被控仍旧都是五通。最后导航键移到比例一栏，需要注意的是，L、R 的切换仍旧是通过开关 A 来进行了，保持开关 E 在中间位置，开关 A 拨到 UP，L 高亮，逆时针转动"PUSH"旋钮，MP 上的 PWM 值会一直增大，直到 1295 附近停止转动，遥控显示衰减了 23%，飞行模式二设置完成。接着再将开关 A 拨到 DOWN 位置，R 高亮，同样逆时针旋转"PUSH"旋钮，使 MP 显示为 1685 附近完成飞行模式五的配置。

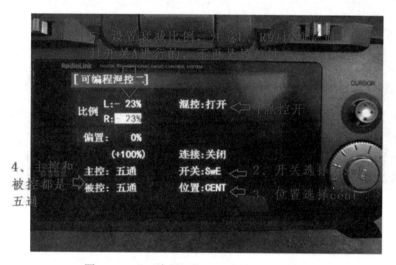

图 5-49 "可编程混控二"中配置具体参数

最后一个就是通过混控三配置飞行模式三与飞行模式四，步骤跟混控二一模一样，只是开关 E 要拨到 DOWN 位置，混控中的位置也要选择"DOWN"选项，具体参数按图 5-50 所示的配置，过程不再复述。

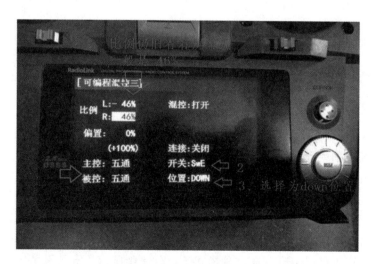

图 5-50 "可编程混控三"配置的具体参数

在设置好六段开关后（普通三段也是可以的，就是只能设置三个模式），就可以选择 MP 的"初始设置→飞行模式"选项进行设置了，设置很简单，就是在对应的 PWM 区段上下拉框选择需要的飞行模式即可，设置完单击"保存模式"按钮保存，如图 5-51 所示。

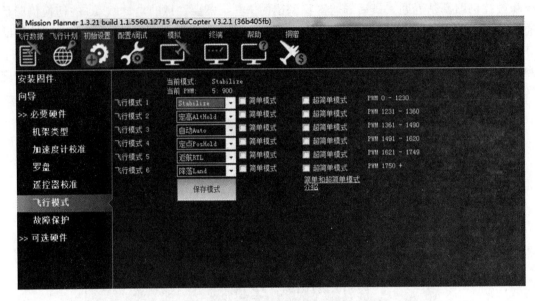

图 5-51　飞行模式设置

Pixhawk 飞行模式注解

1. 稳定模式 Stabilize

稳定模式是使用得最多的飞行模式，也是最基本的飞行模式，起飞和降落都应该使用此模式。此模式下，飞控会让无人机保持稳定，是初学者进行一般飞行的首选，也是 FPV 第一视角飞行的最佳模式。一定要确保遥控器上的开关能很方便无误地拨到该模式，应急时会非常重要。

2. 比率控制模式 Acro

这个是非稳定模式，这时 Pixhawk 将完全依赖遥控器遥控的控制，新手慎用。

3. 定高模式 AltHold

定高模式（AltHold）是使用自动油门，试图保持目前高度的稳定模式。定高模式时高度仍然可以通过提高或降低油门控制，但中间会有一个油门死区，油门动作幅度超过这个死区时，无人机才会响应升降动作。当进入任何带有自动高度控制的模式，目前的油门将被用来作为调整油门保持高度的基准。在进入高度保持前确保悬停在一个稳定的高度。无人机将随着时间补偿不良的数值。只要它不会下跌过快，就不会有什么问题。离开高度保持模式时请务必小心，油门位置将成为新的油门。如果不是在无人机的中性悬停位置，将会导致无人机迅速下降或上升。在这种模式下，你不能降落无人机及关闭马达，因为现在是油门摇杆控制高度，而非马达。请切换到稳定模式，才可以降落无人机和关闭马达。

4. 悬停模式 Loiter

悬停模式是"GPS 定点+气压定高"模式。应该在起飞前先让 GPS 定点，避免在空中突然发生定位问题。其他方面跟定高模式基本相同，只是在水平方向上由 GPS 进行定位。

5. 简单模式 Simple Mode

简单模式相当于一个无头模式，每个飞行模式的旁边都有一个"Simple Mode"复选框可以勾选。选择简单模式后，无人机将解锁起飞前的机头指向恒定作为遥控器前行摇杆的指向，这种模式下无须担心无人机的姿态，对于新手非常有用。

6. 自动模式 Auto

自动模式下，无人机将按照预先设置的任务规划控制它的飞行。由于任务规划依赖 GPS 的定位信息，所以在解锁起飞前，必须确保 GPS 已经完成定位（Pixhawk 板上蓝色 LED 指示灯常亮）。切换到自动模式有两种情况。

如果使用自动模式从地面起飞，无人机有一个安全机制防止你误拨到自动模式时误启动发生危险，所以需要先手动解锁并手动推油门起飞。起飞后无人机会参考你最近一次 Alt Hold 定高的油门值作为油门基准，当爬升到任务规划的第一个目标高度后，开始执行任务规划飞向目标；如果是空中切换到自动模式，无人机首先会爬升到第一目标高度，然后开始执行任务规划飞向目标。

7. 返航模式 RTL

返航模式需要 GPS 定位。GPS 在每次解锁前的定位点，就是当前"家"的位置；GPS 如果在起飞前没有定位，在空中首次定位的那个点，就会成为"家"。

进入返航模式后，无人机会升高到 15m；如果已经高于 15m，就保持当前高度，然后飞回"家"。还可以设置高级参数选择到"家"后是否自主降落，和悬停多少秒之后自动降落。

8. 绕圈模式 Circle

当切入绕圈模式时，无人机会以当前位置为圆心绕圈飞行。而且此时机头会不受遥控器方向舵的控制，始终指向圆心。如果遥控器给出横滚和俯仰方向上的指令，将会移动圆心。与定高模式相同，可以通过油门来调整无人机高度，但是不能降落。圆的半径可以通过高级参数设置调整。

9. 指导模式 Guided

此模式需要地面站软件和无人机之间通信。连接后，在任务规划器 Mission Planner 软件地图的界面上，在地图上任意位置点击鼠标右键，选择弹出菜单中的"Fly to here"（飞到这里）选项，软件会提示你输入一个高度，然后无人机会飞到指定位置和高度并保持悬停。

10. 跟随模式 Follow Me

跟随模式的基本原理：操作者手中的笔记本电脑带有 GPS，此 GPS 会将位置信息通过地面站和数字式电台随时发给无人机，无人机实际执行的是"飞到这里"的指令。其结果就是无人机跟随操作者移动。

最后补充一点关于简单模式和超简单模式的说明。

简单模式即常说的无头模式，其实所谓的无头模式并非真的无头，而是一种不再以无人机机头作为飞行方向机头的飞行模式，是一种始终锁定解锁时无人机所对应的地理方向作为机头方向的飞行模式，如图 5-52 所示。

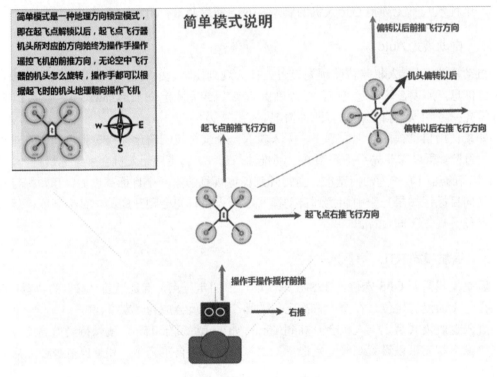

图 5-52　简单模式（无头模式）

而超简单模式则是利用 GPS 的定位功能，设定以"家"的坐标即操作手所在的位置作为圆心，所有远离圆心的方向为前推方向，后拉则把无人机往圆心拉，这种方式可以在无人机超视距的情况下，直接操作遥控后拉将无人机拉回来，但是需要准确的 GPS 定位和罗盘支持。

5.8　电流计的使用

Pixraptor 完全兼容 APM 时代的 3DR Power 电流计，包括接口定义完全一样，3DR Power 电流计如果带 BEC 功能的话，也可以同时作为 Pixraptor 的供电电源之一。电流计的 BEC 电压可以与电调的 BEC 以及 USB 电源同时接入 Pixraptor，Pixraptor 会自动选择其中一组最符合要求的电源使用。使用 Pixraptor 的电流计硬件上只需将电流计的 6pin 插头插入飞控右边标注为 Power 的接口即可。如果是标准的 3DR Power Module，则软件上只需按如下两个界面在 MP 里设置即可开启电流、电压检测功能，第一个是在初始设置里设置电池监视器为 4:4:4，如图 5-53 所示。

图 5-53　电池监视器参数设置

第二个界面就是在配置调试的标准参数表里设置电流、电压的检测 pin 口，如图 5-54 所示。

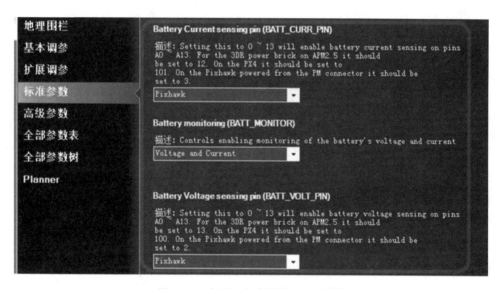

图 5-54　电压、电流检测 pin 口设置

关于电量保护，Pixraptor 是无法知道所用电池的实际容量的，它只会根据预设的电池容量，然后根据电流计的电流大小及使用时间累积计算剩余容量。预设的电池容量会在重新上电时复位，如果上电时的电池不是满电状态，那么实际电池容量与预设的电池容量就无法对应，因此请谨慎使用。

5.9　GPS 的使用

Pixraptor 支持多种协议的 GPS 定位模块，一定范围内的连接波特率能自适应，还支持双 GPS 连接。在 Pixraptor 的标签上明确标注了一个 6pin 的 GPS 接口，此接口对 GPS 来说，有效引脚实际为 4 根，另外两根是 H、L 引脚。对于原来从 APM 升级而来的用户来说，APM 使用的 GPS 接口可以直接更换插头塑料壳就可以在 Pixraptor 上使用，更改方法如图 5-55 所示。

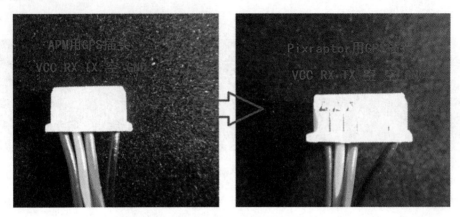

图 5-55　APM 和 Pixraptor 对应 GPS 接口

如果要开启双 GPS，则需要在参数表里找到 GPS_TYPE2 参数，如图 5-56 所示，将值改为 1 即可。

GPS_TYPE	1		0:None 1:AUTO 2:uBlox 3:MTK 4:MTK19 5:NMEA 6:SiRF 7:HIL 8:SwiftNav 9:PX4EXPERIMENTAL	GPS type
GPS_TYPE2	0		0:None 1:AUTO 2:uBlox 3:MTK 4:MTK19 5:NMEA 6:SiRF 7:HIL 8:SwiftNav 9:PX4EXPERIMENTAL	GPS type of 2nd GPS

图 5-56　双 GPS 开启参数

第二个 GPS 使用 UART4、UART5 中的 4 接口，GPS 接口定义同第一个 GPS，只要插在 UART4、UART5 接口上就行。

5.10　数传和 OSD

数传的作用是通过无线连接的方式代替 USB 线，实现除刷新固件功能以外的所有飞控与地面站的通信控制功能。通过数传可以进行无线调参、功能设置、航点控制等诸多功能。Pixraptor 支持全双工通信的透传模块，如 3DR Radio、XBee 等。数传使用 TEL1 或者 TEL2 接口连接，连接波特率为 57600，这两个接口都支持 MavLink 协议连接。

板上 LED 指示灯含义：

绿	闪烁	搜索配对数传中
绿	长亮	配对数传成功连接
红	闪烁	数据通信中
红	长亮	固件更新模式

第 5 章　多旋翼无人机开源控制系统的应用

参数修改：资料包内自带了数传配置工具，可以用来修改数传的参数以及升级固件版本，在启动配置工具前请先将数传连接计算机，确保计算机已能正常驱动数传，计算机的设备管理器中的端口能正确识别数传的端口号。然后运行配置工具中的"3DRRadio.exe"文件，软件启动得到如图 5-57 所示的界面。

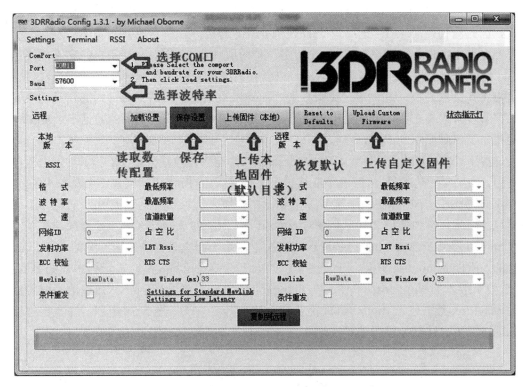

图 5-57　软件启动界面

软件启动后先选择正确的 COM 口，然后将波特率设置为 57600。"加载设置"按钮用于读取当前数传的配置参数，"保存设置"按钮用于写入修改后的参数。以修改数传发射功率为例，加载设置，然后将"发射功率"一栏修改为你想要的功率以后（默认是 11，请修改为 20，可以增加发射距离），单击"保存设置"按钮就能把修改后的参数写入数传了。如果远程端跟本地数传已经配对，也可以单击"复制到远程"按钮将参数写入远程端；如果没有配对，那只能远程端数传单独连接计算机进行修改了，并且改为相同的参数确保本地端与远程端能配对连接。

上传固件：上传固件请单击"Upload Custom Fireware"按钮进行，单击后在弹出的浏览框里可以浏览到你自己事先准备好的固件目录里提供的 1.7 和 1.9 两个版本固件，它们都可以安装。

OSD 是一种通过读取飞控内部的各种姿态数据，然后将其转换为视频格式信号插入到视频系统进行模拟显示的部件。Pixraptor 支持的 OSD 同 APM 一样，都是 Minimosd，此 OSD 支持 MavLink 协议，可以读取 MavLink 协议数据包中的各种有用数据并转成图形显示。因此，Minimosd 可以连接到 Pixraptor 的 TEL1 或者 TEL2 使用。

关于TEL1和TEL2，这两个接口都支持MavLink协议连接，可以同时向外发送MavLink协议数据包，但是由外向内的MavLink握手请求具有优先级，TEL1的优先级高于TEL2。如果TEL1的RX已经与外部的TX建立握手连接，那TEL2的握手连接会被忽略，但不会影响向外发送数据。因此，在单独使用OSD或者数传的情况下，可以任意使用TEL1和TEL2，建议TEL1优先。而要同时使用OSD和数传时，因为数传需要双向传输才能建立连接，因此数传使用TEL1连接，OSD使用TEL2连接。

补充点Minimosd知识：Minimosd是一种窃取式MavLink连接工具，它不需要通过TX向MavLink连接总线发送握手请求，只要它的RX引脚上有MavLink数据流经过，它就可以将其读取转换，这种方式类似于老式的有线电话通信，通话双方的通话是完全开放的，窃听者只需要在他们之间电话线上挂一部听筒，就能窃听他们的通话了。Minimosd已经推出了多种版本的固件，在它的2.0版本固件上，如果单独使用，它的TX还会向飞控发送握手请求。因此，2.0版本的Minimosd单独连接飞控，只要TX和RX接上就能正常使用。如果有数传的话，TX就不能接也不需要接。而Minimosd到了2.4版本，它的TX就不再向飞控发送握手请求了，单纯从它的RX引脚上读取所能读到的所有MavLink协议数据包。因此，单独使用2.4版本的Minimosd连接飞控，就算TX和RX全部连接了，因为Pixraptor在没有MavLink握手请求的情况下，是不会主动向外发送所有的MavLink数据包的，所以Minimosd只会显示一些基本的如飞行模式信息，不会显示姿态数据等信息。因此，2.4版本的Minimosd单独连接Pixraptor使用，需要Pixraptor开启遥测模式发送全部的MavLink数据包，Minimosd才能正常使用，开启方法如图5-58所示。在飞控连接地面站的情况下，在初始设置的可选硬件里选择"OSD→启用遥测"选项。

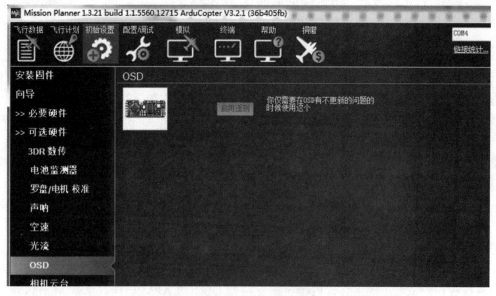

图5-58　开启遥测模式

5.11 自动调参

自动调参主要针对副翼和俯仰方向的 PID 参数进行自动调整，其原理是让无人机在空中倾斜一定的角度以后，自动计算并修正其恢复平衡所需要的时间、力度等数据，并以此确定 PID 参数，这个过程自动完成。所需要做的就是设置一个辅助通道的功能为"AutoTune"，如图 5-59 所示，将第七通道设置为"AutoTune"以后（第七通道 PWM 高有效），自稳起飞无人机，在合适的高度切换到定高以后，打开第七通道开关，飞控会自动执行自动调参，调参状态时无人机会在空中自主做左右和前后抖动动作，抖动完成后，保持第七通道的开状态，降落上锁，无人机就会自动保存调参结果。调整完成后，要记得取消第七通道设置。

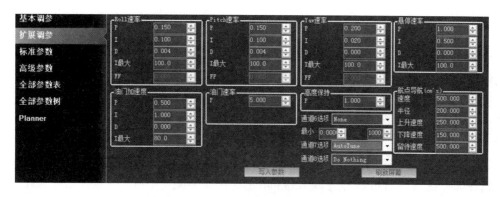

图 5-59　自动调参

在 Pixraptor 的参数设置菜单中，有一项 PID 设置，对于没接触过 PID 的人来说，一堆摸不着头脑的数字，让人感到一头雾水。鉴于此，这里力争以通俗的语言讲解 PID 的各个含义。

PID 控制是自动化控制领域应用非常广的控制方式，P 代表比例，I 代表积分，D 代表微分。从这些名词中可以看出，PID 控制是基于数学中一项重要的分支：微积分学为基础的数字化自动控制方式，它以传感器采集的数据作为输入源，按预定的 PID 参数根据特定的公式计算以后进行输出控制。

举个形象的例子，一列即将到站的火车在快要到达站点的时候会切断输出动力，让其凭借惯性滑行到月台位置。假如设置火车以 100km/h 的速度在站前 1km 的地方切断动力开始滑行，那么这个 100 比 1 就是比例 P 的含义，P 越大，它在站前开始滑行的速度越快。滑行初始速度快的好处就是进站快，但过快的初始滑行速度会导致火车在惯性的作用下冲过月台，这样一来火车不得不进行倒车，但是因为 P 设置过大，倒车以后的滑行也会同样使火车倒行。这样一来，就形成了一种反复前行后退的震荡局面。而 P 设置小了，进站速度会变得非常缓慢，进站时间延长。所以设置一个合适的 P 值是 PID 调节的首要任务。由于 P 是一个固定的数值，如果将火车的速度与月台的距离用一个坐标图理想化地表示出来的话，不考虑惯性及外力的作用，这两者的关系呈现出来 P 调节的结果会是一条直斜线，直斜线越陡,代表进站时间越短。

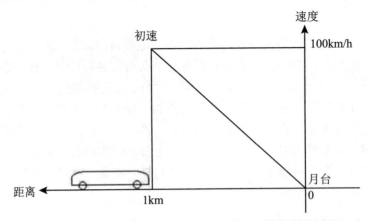

图 5-60　速度与距离关系图 1

图 5-60 所示的 P 调节结果只是为了方便理解,在实际中是根本不可能出现的,PID 计算的结果也不是这样的。不管怎样,如果只有 P 调节,火车要么设置一个比较低的 P 值以非常缓慢的速度到达目标月台,要么就是过冲了,很难在速度与准确度之间求得平衡。所以接下来该是讲解 D 微分的作用的时候了。根据上面举的例子,假如 P 等于 100,火车刚好能滑行到月台,所耗费的时间是 10 分钟。但是对于一个自稳定性能要求很高的自动化系统来说,这 10 分钟的时间太长了,可不可以加快点呢?可以。当把 P 加大到 120,让火车司机驾驶火车在站前 1km 的地方以 120km/h 的速度开始减速滑行,然后在站前 500m 的时候踩一下刹车让速度降为 80km/h,在站前 300m 再踩一下刹车让速度降为 50km/h,在站前 100m 又踩一下刹车,让速度降为 20km/h,在站前 10m 让火车在较短的时间内滑行到月台准确的位置。这样一来,进站速度会大大加快,原来需要 10 分钟的时间可能只需要 5 分钟就行了。这就是 D 的作用,这里权且把 D 理解为刹车吧,如果仍旧以坐标图形象地表达 D 对 P 调节的影响,那就是 D 使 P 调节出来的一条直斜线变成了一条曲线,在 PID 公式中,D 的作用就是改变 P 的曲线,D 的数值越大,对 P 的影响也越大。加入 D 后的曲线前期较陡,进站比较快,后期平缓,使得火车可以平稳准确地进站,如图 5-61 所示。

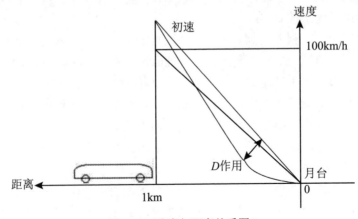

图 5-61　速度与距离关系图 2

相信经此解释后，很多读者已经理解 P 和 D 的作用了，那在无人机的实际调节中，我们就可以有的放矢了。根据 P 与 D 的这个关系，我们可以得出一个调节步骤：先把 D 置零，加大 P 值，使无人机适当过冲开始震荡，然后增加 D 的数值，拉低 P 调节后期的作用，使过冲现象放缓，最终调到不过冲为止。P 越大，无人机倾斜后恢复的速度越快，表现越灵敏，但过大会产生震荡；D 越大，调节越平缓，表现平稳，但 D 过大会使调节时间延长，表现反应迟钝（这里的 D 指的就是 D 的数值，在一般的 PID 表述中，D 越接近 0，P 作用越大，这点需要加以注意）。

最后讲解 I 的作用，I 是积分，是为了消除误差而加入的参数。假如上面的例子中，火车靠站以后，离最终的目标停止线还差 1m，我们虽然也可以认为这是一次合格的停车，但这毕竟是误差；如果我们认可了这 1m 的误差，那在此基础上火车第二次靠站就会有 2m 的误差了，长此以往，误差会越来越大，所以我们要把这个误差记录下来，当第二次进站的时候就可以发挥作用了；如果差了 1m，火车驾驶员就可以在原来的 P 与 D 调节的基础上进行 I 积分，延迟 1m 输出（或者提前），即 999m 开始减速，最终可以刚刚好到达停止线。如果没有 I 的作用，在多轴无人机平台上的表现就是无人机越来越倾斜，最终失去平衡。I 的调节是建立在 P 与 D 调节的基础上的，P 与 D 的改变都会影响 I 的效果，所以最终的调节步骤就是先调节 P 确立灵敏度，接着调节 D 调整平稳度，最后调节 I 确定精度。

5.12 自动微调和手动微调

自动微调的调节内容与自动调参不同，自动微调的目的是通过微调俯仰和副翼的 Trim 值，修正因加速度计校准不水平、桨叶等其他安装问题导致无人机无风状态下往某一个固定方向的水平漂移，作用类似利用遥控的副翼和俯仰微调开关修正副翼与俯仰的控制。自动微调的操作方法为：遥控上操作无人机解锁以后，保持解锁动作不松手 15s 以上，飞控的 LED 指示灯红绿蓝滚闪，此时操作无人机起飞，微动控制遥控摇杆使无人机能水平稳定飞行 25s 左右，然后降落解锁，飞控会自动保存微调结果，此过程可能需要重复多次。

手动微调的作用跟自动微调一样，只不过方式不一样。类似自动调参的设置，将第七通道选项配置为"Save Trim"选项保存以后，自稳模式解锁起飞，在合适的高度打开第七通道的开关，然后调节遥控的俯仰和副翼的微调开关，使无人机不再向一个固定的方向横向漂移，然后降落，保持第七通道开的状态上锁，手动微调参数自动保存，然后再把遥控上的微调归零，手动微调完成，可以再次解锁起飞查看微调效果，微调效果不行可重复上述步骤。调整完成后，记得取消第七通道设置。不论是自动微调还是手动微调，都需要在无风环境下进行。

复习与思考

5-1 Pixhawk 硬件结构由哪些部分组成？

5-2 Pixhawk LED 指示灯以及安全开关的含义是什么？

5-3 Pixhawk 固件写入的过程是什么？

5-4　罗盘的校准过程是什么？
5-5　加速度的校准过程是什么？
5-6　遥控的校准过程是什么？
5-7　电调的统一校准过程是什么？
5-8　遥控器6段位设置的具体思路是什么？
5-9　常用的飞行模式有哪些？
5-10　电压电流计的设置过程是什么？

第 6 章 多旋翼无人机飞行

无人机起飞与降落在设计、制作并调试完毕后方可进行，本章主要以 Pixraptor 飞控系统为例，具体的飞行模式设定分别为定点、自动、自稳、返航、定高、降落。

飞行模式 1	PosHold	□ 简单模式	□ 超简单模式	PWM 0 - 1230
飞行模式 2	Auto	□ 简单模式	□ 超简单模式	PWM 1231 - 1360
飞行模式 3	Stabilize	□ 简单模式	□ 超简单模式	PWM 1361 - 1490
飞行模式 4	RTL	□ 简单模式	□ 超简单模式	PWM 1491 - 1620
飞行模式 5	AltHold	□ 简单模式	□ 超简单模式	PWM 1621 - 1749
飞行模式 6	Land	□ 简单模式	□ 超简单模式	PWM 1750 +

6.1 起飞与降落练习

起飞与降落是飞行过程中最重要的操作，虽然简单但绝不能忽视其重要性。首先来看看起飞过程。远离无人机，打到 Stabilize 稳定模式解锁飞控，缓慢推动油门等待无人机起飞，这就是起飞的最初操作步骤。其中推动油门一定要缓慢，即使已经推动了一点距离，电机如果没有启动也要慢慢来。这样可以防止由于油门过大而无法控制无人机。在无人机离开地面后，不能保持油门不变，而是无人机到达一定的高度，一般离地面约 1m 后开始降低油门，并根据需要调整油门大小，使无人机在一定的高度范围内徘徊。这是因为有时油门稍大无人机上升，有时油门稍小无人机下降，因此必须将油门控制好才可以让无人机稳定在飞行高度上。

降落时，同样需要注意操作顺序。降低油门，使无人机缓慢地接近地面；离地面约 5~10cm 处稍稍推动油门，以降低下降速度；然后再次降低油门，直至无人机接触地面（触地后不得推动油门）；油门降到最低，锁定飞控。相对于起飞来说，降落是一个更为复杂的过程，需要反复练习。在起飞和降落的操作中，特别注意要保证无人机的稳定，无人机的摆动幅度不可过大，否则降落和起飞时，有打坏螺旋桨的可能。

6.2 升降练习

简单的升降练习,不仅可以练习对油门的控制,还可以让初学者学会稳定无人机的飞行。在练习时,注意场地有足够的高度,最好在户外进行操作。

在升降练习过程中,无人机以 Stabilize 模式起飞后,迅速转换成 PosHold 模式进行上升下降练习,如遇到紧急情况,可直接切换成 Land 模式自动降落,防止意外。

6.2.1 上升练习

上升过程是无人机螺旋桨转速增加,无人机上升的过程。这个主要的操作杆是油门操作杆(美国型号左侧操作杆的前后操作为油门操作,日本型号右侧操作杆的前后操作为油门操作)。练习上升操作时,假定无人机已经起飞,缓缓推动油门,此时无人机会慢慢上升,油门推动越多(不要把油门推动到最高或接近最高),上升速度越大。

在达到一定高度时或者上升速度达到自己可操控的限度时停止推动油门,这时,会发现无人机依然在上升。若想停止上升,必须降低油门(同时注意,不要降低得太厉害,保持匀速即可)直至无人机停止上升。然而这时会发现无人机开始下降,此时需要再推动油门让无人机保持高度,反复操作后,无人机即可保持稳定。

6.2.2 下降练习

下降过程同上升过程正好相反。下降时,螺旋桨的转速会降低,无人机会因为缺乏升力开始降低高度。在开始练习下降操作前,要确保无人机已经达到了足够的高度。在无人机已经稳定悬停时,开始缓慢地降低油门。注意,不能将油门拉得太急。在无人机有较为明显的下降时,要停止降低油门,这时无人机还会继续下降。同时,注意不要让无人机过于接近地面,在到达一定高度时开始推动油门迫使无人机下降速度减慢,直至无人机停止下降。这时会出现上升操作类似的情况,无人机开始上升,这时又要降低油门,保持现有高度,经过反复几次操作后,无人机保持稳定。

在这个过程中,如果高度下降得太快,或者快要接近地面时无人机无法停止下降,需要加快推动油门的速度(操控者要自行考量应该要多快)。但是注意查看无人机的姿态,若过于偏斜,则不可加速推动油门,否则会有危险。

在这里可以看出下降过程不同于上升过程。因为上升时需要螺旋桨的转速提供升力,而且在户外,一般没有上升高度的限制;而下降操作则不同,螺旋桨提供的升力成了辅助力,下降过程主要靠重力作用在下降。所以对于下降来说更加难操作,需要多加练习才有可能很好掌握。

6.3 俯仰练习

俯仰练习,也是飞行的基本操作练习。俯仰操作用于无人机的前行操作和后退操作,保证无人机正确地飞行。

在俯仰练习过程中,无人机以 Stabilize 模式起飞后,迅速转换成 PosHold 模式进行俯仰练习，如遇到紧急情况可直接切换成 Land 模式自动降落，防止意外。

6.3.1 俯冲练习

俯冲操作时，无人机的头会略微降低，机尾会抬起。应对螺旋桨的转速则是机头两个螺旋桨转速下降，机尾螺旋桨转速提高，它们给螺旋桨提供的力就会与水平面有一定的夹角。这样一来，不仅可以给无人机提供抵消重力的升力，而且提供了前行的力。这时升力也会减小，所以无人机的高度会降低，此时可以适当推动油门。

操作俯冲的摇杆（美国型号发射机是右侧摇杆，而日本型号发射机是左侧摇杆），只要往前推摇杆，无人机就会俯冲向前。同样在俯冲前行时要注意，开始俯冲时要让飞行达到一定的高度。对于新手，飞行最好离地 2m 以上的高度，并且确认无人机前行的航线上没有任何障碍物（并确保飞行时不会有障碍物移动到无人机的前方或附近）。

飞行时轻推摇杆，无人机即开始向前飞行。推动摇杆的幅度越大，无人机前倾的角度也越大，前行的速度越快。但是在推动摇杆的幅度过大时，机头前的螺旋桨可能会过低，导致无人机前翻，或者直接坠机（如果无人机有自稳器则一般不会出现这个状况，但也不要轻易尝试）。所以在推动摇杆俯冲时，推动幅度不能太大，一般只要无人机开始前行即可停止推动，保持摇杆现在的位置，让无人机继续向前飞行。同样，在飞行时需要使用其他摇杆，来保持飞行的方向。

6.3.2 上仰练习

上仰练习与俯冲练习类似，只不过需要将摇杆从中间位置向后拉动。在拉动的过程中，无人机尾部两个螺旋桨会减缓转速，机头两个螺旋桨会加快转速，然后会出现与俯冲操作相类似的现象，只不过无人机会向后退行。所以在练习操作时，需要确保无人机后退的线路上没有任何障碍物，包括操作者自己也不要站在无人机后面，以免发生意外。确保一切安全后，就可以开始操作练习了。缓慢拉下摇杆，使无人机开始退行时停止拉动摇杆。这时无人机会继续退行。退行一段距离后，缓慢推动摇杆直到摇杆恢复到中间位置时停止推动，这时无人机就会停止退行，上仰练习完成。

6.4 偏航练习

偏航练习，即改变无人机航线的练习。在飞行过程中改变航线也是一个常用且基本的操作。

在偏航练习过程中，无人机以 Stabilize 模式起飞后，迅速转换成 PosHold 模式进行偏航练习，如遇到紧急情况，可直接切换成 Land 模式自动降落，防止发生意外。

6.4.1 左偏航练习

左偏航练习是在无人机前行时，使得无人机向左偏转的操作（类似于汽车左转弯）。在偏航操作时，使用到的摇杆是油门摇杆，但是只有左右拨动方向的操作才是偏航操作。在需要左偏航时，摇杆轻轻向左拨动。在拨动以后，无人机的机头会开始偏向，其实无人机没有俯仰操作,直接拨动摇杆,无人机会原地旋转(类似于陀螺),转动方向与摇杆拨动幅度有关系,摇杆偏离中心位置越大,转动的速度越快(当然为了不出意外,还是不要尝试偏离太多)。同样在练习时需要练习两种模式:

第一种,左转弯,这种操作需要使用俯仰操作来配合。首先使用俯仰操作让无人机前行,然后缓慢将油门杆向左拨一点,然后停止操作(保持现在的摇杆位置)。这时候无人机已经开始向左转弯了。保持摇杆位置大约 2~4s 即可将油门杆的左右方向回中,右侧方向摇杆全部回中,这就是左转弯操作。

第二种,旋转(逆时针),这种操作说起来很简单,只需要将油门杆拨动到一侧即可。但是在旋转过程中无人机可能无法保持准确的位置(会到处跑),所以在做旋转操作时需要慢慢来。首先,需要将油门杆轻轻拨动,看到无人机开始有轻微的转动时停止拨动,保持现有的位置。这时无人机会慢慢开始转向,此时要注意无人机的飞行方式,如果有些控制不住,应立刻松开油门杆,让油门自动回中。同时,利用控制方向杆来控制无人机的位置。如果发现无人机在旋转时则需要拨动油杆。操作无人机旋转一圈后,即可算是完成了旋转练习。

6.4.2 右偏航练习

右偏航练习,同左偏航练习类似,只需要将摇杆向右拨动,同样需要练习两种模式,即右转弯和旋转。在此提醒读者,右偏航和左偏航练习,来回交替练习更好。

6.5 手动飞行

学会了基本操作,并不一定会熟悉无人机的飞行方式,所以还需要大量的其他操作练习,如日常飞行练习。将日常飞行练习做好,可以了解和熟悉无人机的飞行方式,从很大程度上提高对无人机操控的感觉。就如同骑自行车,学会骑了,还需要大量练习才能处理好日常骑行的需要。

在手动操作练习过程中,无人机以 Stabilize 模式起飞后,迅速转换成 PosHold 模式进行手动操作练习,如遇到紧急情况,可直接切换成 Land 模式自动降落,防止发生意外。

6.5.1 直线飞行

直线飞行,是一个相对简单的操作,理论上来说,只需要推动方向杆即可,但是实际情况不会这么简单。同样由于飞控传感器和算法的问题,有时候因为有风的缘故,无人机不会完全按照发射机的操作来完成动作。所以这时需要调整发射机的操作,保证无人机沿着直线飞行。不过需要注意的是,在俯仰摇杆推动或下拉的幅度过大的时候,无人机会有下降的趋势,甚至有时候在幅度过大时会直接冲向地面。所以操作时要注意安全。

6.5.2 曲线飞行

曲线飞行就是让无人机沿着一条曲线飞行。该曲线飞行可以是 Z 字形、S 字形或者 8 字形的路线飞行,这样的飞行方式不单单是为了好玩,更是为了锻炼读者自由操控无人机的方式，类似于违反常识的感觉。所以需要反复练习操作方式，并感受无人机的飞行规律。

曲线飞行，肯定有别于直线飞行，当然也比直线飞行要复杂得多。首先，要明确飞行路线，确保飞行路线上没有任何障碍物或人。然后在无人机起飞后，就可以开始沿着曲线路径飞行。飞行时，需要用油门摇杆控制无人机的朝向，使用方向摇杆让无人机开始前进飞行。这样的运动组合可以改变曲线飞行路径。

不过，这只是一种曲线飞行的方式，因为无人机四轴的特殊结构，在曲线飞行中还需要另外一种方式。之前的曲线飞行时无人机在不停地改变机头的朝向，而这种方式是利用侧向飞行来实现机头不变的曲线飞行。曲线飞行还有第二种练习方式：首先使用油门摇杆控制无人机的高度，并保持机头方向不变，使用方向摇杆控制无人机前行和侧向飞行。逐步控制即可完成机头方向不变的曲线飞行。在练习前进方向飞行时，可以试着练习后退时的曲线飞行。不过需要注意的是，如果还不太熟练无人机的方向控制，则最好先不要练习，待熟悉无人机飞行方式的控制后再进行练习，否则会有一定的危险。

6.6 自动飞行

多轴无人机与玩具之间不仅仅存在体积、价格、性能、通信方式等差异，更在于多轴无人机拥有航线自主规划，完全脱离手动遥控。通过指令规划航线，使得无人机拥有自动驾驶的能力。

航线规划中每个指令都归属在"导航"指令或"Do"指令之下，"导航"指令用于改变位置状态，"Do"指令是功能指令，它不改变无人机的位置。在自动任务里面"导航"指令及"Do"指令可以同时执行。

图6-1所示的自动航线执行任务为：自动起飞到100m的高度后笔直向#2航点飞行，到达#2航点后以曲线航点的形式保持高度100m飞向#3航点，然后以120m的高度到达#4航点，等待10s后飞向#5航点，到达#5航点后以逆时针方向绕行3圈，完成后执行返航。

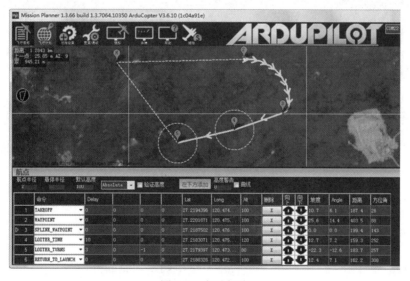

图6-1 自动航线

具体执行自动飞行任务方法为：通过 Mission Planner 连接无人机飞控，编辑完航线后将航线写入飞控，将遥控设置为"Auto flight mode"自动模式，解锁无人机，执行任务。或者通过地面站在动作窗口下，将飞行模式设置为"Auto"后，单击"解锁/锁定"按钮，如图 6-2 所示，无人机就会自动执行刚才规划的航线飞行任务。

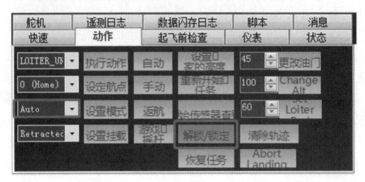

图 6-2 "解锁/锁定"按钮

6.6.1 TAKEOFF 起飞

将无人机从起飞点直线爬升到指定的高度。该操作中起飞命令必须是第一个命令，如图 6-3 所示，然后要定义飞行的高度。如果无人机已经在该高度之上，将立即执行下一个命令。

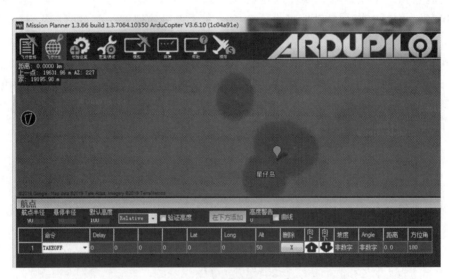

图 6-3 执行起飞命令

6.6.2 WAYPOINT 航点

无人机将笔直飞向指定的位置及高度，如图 6-4 所示。

Delay (s)：定义出到达航点后要执行下个命令的延迟时间。

Lat，Long：纬度和经度目标，如果保持为零，它将保持当前的位置。

Alt：离开 Home 点的高度，设为 0 则按当前的高度飞行。

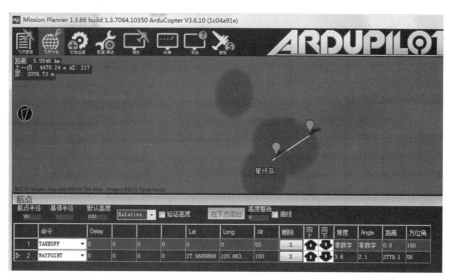

图 6-4　定义无人机航点

6.6.3　SPLINE WAYPOINT 曲线航点

曲线航点的附加参数同原来的直线航点（Lat, Long, Alt, Delay），但会以平滑的路径来飞行（垂直/水平），如下面范例曲线/直线航点可以同时应用。无人机到达航点#1 后停留 1s，再向航点#2 光滑转向。无人机能够以曲线飞行路线通过#2、#3、#4 航点，并且随时变化指向。航点#5 是一个直线航点，无人机将会笔直朝向航点#5，如图 6-5 所示。

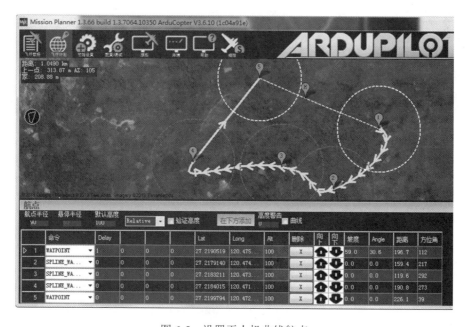

图 6-5　设置无人机曲线航点

6.6.4 LOITER_TIME 定点延时

无人机将停留直到定义的时间（s）如同 Loiter flight mode 定点模式，如图 6-6 所示。
Times：停留时间。
Lat, Long：如果设为 0，按当前位置飞行。
Alt：如果设为 0，按当前高度飞行。

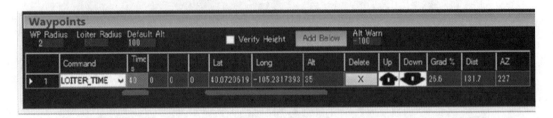

图 6-6　定点延时

6.6.5 LOITER_TURNS 定点绕圈

同 Circle flight mode 绕圈模式。无人机按指定的量（m）做绕圈动作，绕圈半径根据 CIRCLE_RADIUS 参数指定，如图 6-7 所示。
Turn：对一个点进行几个绕行飞行。
Dir 1=CW：-1 =反时针，+1 =顺时针。
Lat, Long：目标经纬度，如果设为 0 则表示当前位置。
Alt：相对 Home 点的高度，如果设为 0 表示当前高度。

图 6-7　定点绕圈

6.6.6 LOITER_UNLIMITED 等待处理

无人机持续等待到定义新的位置，不继续处理下个命令，如图 6-8 所示。
Lat, Long：目标经纬度，如果设为 0 则表示当前位置。
Alt：相对 Home 点的高度，如果设为 0 表示当前高度。

图 6-8　等待处理

6.6.7　RETURN-TO-LAUNCH 自返

同 Circle flight mode 绕圈模式。无人机按指定的量（m）做绕圈动作，绕圈半径根据 CIRCLE_RADIUS 参数指定，如图 6-9 所示。

图 6-9　自返

6.6.8　LAND 自主降落

无人机立即降落在指定的经纬位置，同 LAND flight mode 降落模式，如图 6-10 所示。

Lat, Long：目标经纬度，如果设为 0 则表示当前位置。

RTL flight mode：返家模式，应该作为最后的任务命令。

图 6-10　自主降落

6.6.9　Do-SET-ROI 兴趣热点

同 Circle flight mode 绕圈模式。无人机按指定的量（m）做绕圈动作，绕圈半径根据 CIRCLE_RADIUS 参数指定。

无人机及云台指向指定的兴趣点，会持续到任务结束。如果要终止"DO-SET-ROI"命令并重新指向下个航点，需要加入另外的"DO-SET-ROI"命令，并将经纬度及高度归零，如图 6-11 所示。

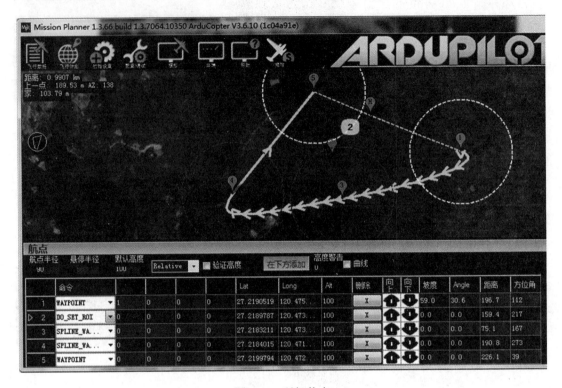

图 6-11　兴趣热点

6.6.10　CONDITION-DELAY 条件延迟

按定义的秒数延迟然后开始下个"DO"命令。

下面的范例，命令 #4 (DO-SET-ROI) 将会在抵达航点#2 延迟 5s 后开始执行，如图 6-12 所示。

Time (sec) 时间（s）：延迟的时间。

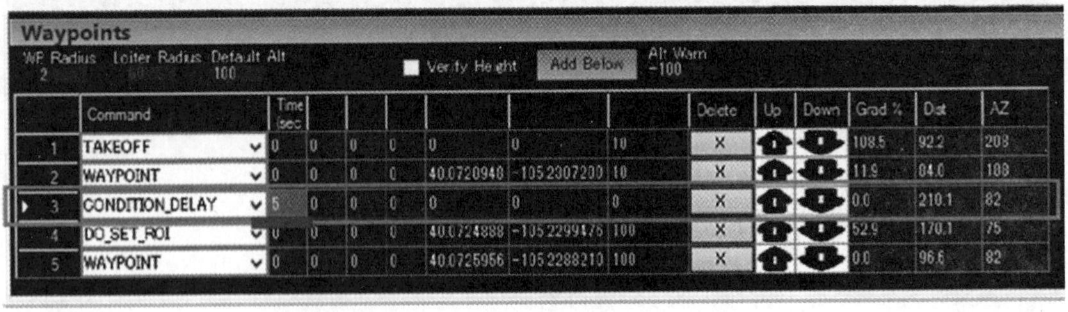

图 6-12　条件延迟

6.6.11 CONDITION-DISTANCE 条件距离

按定义的距离（m）延迟然后开始下个"DO"命令。

下面的范例，命令 #4 (DO-SET-ROI) 将会在抵达航点#5 前 50m 处开始执行，如图 6-13 所示。

Dist (m) 距离（m）：无人机接近下个航点前的距离。

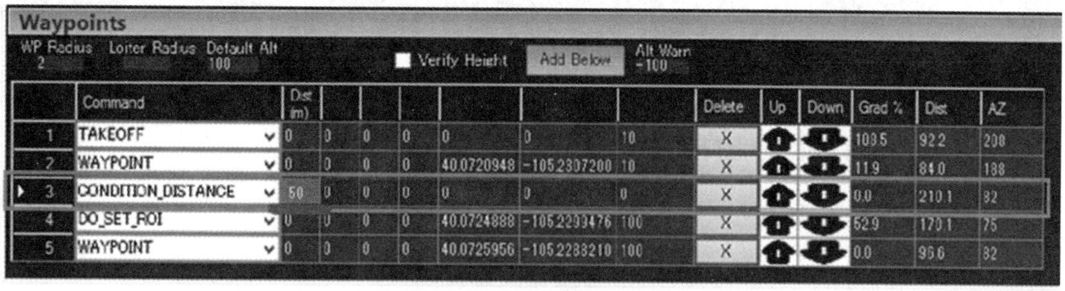

图 6-13　条件距离

6.6.12 CONDITION-YAW 条件指向

定义无人机指定的指向，如图 6-14 所示。

Deg：要求的指向（0 =North 北，90 =East 东）。

Sec：无用参数。

Dir：只有在"rel/abs"设为 1 时才有用，表示必须沿顺/反时针方向转多少度，来计算现在指向到目标指向（1=顺时针，-1=反时针）。

rel/abs：0 表示飞行场绝对的指向，1 表示当时无人机相对的指向。

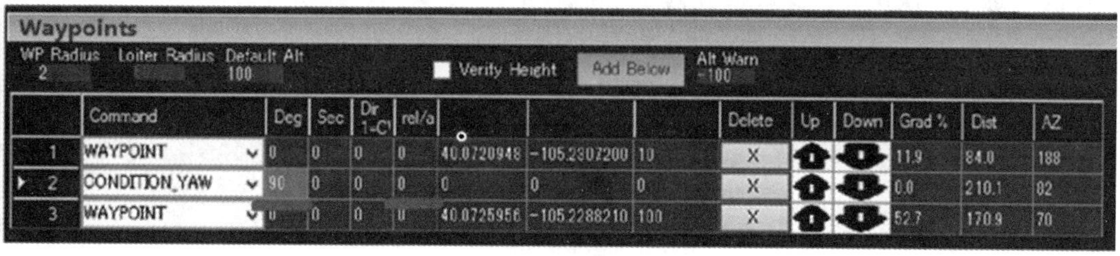

图 6-14　条件指向

6.6.13 DO-JUMP 执行跳转

跳转指定的任务项目重新执行几次。下面的范例，无人机将在航点#1，#2 来回飞共 3 次，然后返回航点#4，如图 6-15 所示。

WP #：航点项目，要跳抵的航点项目。

Repeat：重复跳转数目（最大不超过 3），-1 表示永远重复。

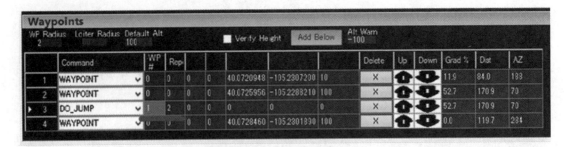

图 6-15 执行跳转

6.6.14 DO-CHANGE-SPEED 变更速度

同变更水平的最大移动速度（m/s），如图 6-16 所示。

speed m/s：要求的最大速度（m/s）。

图 6-16 变更速度

6.6.15 DO-SET-CAM-TRIGG-DIST 距离快门

已固定的移动距离（m）按下相机快门 Camera Shutter。下面的范例是无人机水平移动每 5m 就按下一次快门，距离值设为 0，表示始终击发快门，如图 6-17 所示。

图 6-17 距离快门设定

6.6.16 DO-SET-RELAY 继电器

设定 Relay 继电器接脚是高电平的或低电平的，如图 6-18 所示。

第一格式：0 =First Relay，1 =Second Relay

第二格式：0 =Off (0V)，1 =On (3.3V Pixhawk, 5V APM)

图 6-18　设定继电器

6.6.17　DO-REPEAT-RELAY 重复继电器

下面的范例表示重复 2 次，间隔时间 3s，如图 6-19 所示。
第一列为继电器编号：0=第一个继电器，1=第二个继电器；
第二列表示重复延迟时间：继电器切换延迟秒数。

图 6-19　重复继电器

6.6.18　DO-SET-SERVO 舵机

舵机按特定的 PWM 值转动。下面的范例是指定第八通道的舵机按 PWM 值为 1700 转动，如图 6-20 所示（普通舵机 PWM 取值范围为 1000～2000）。

图 6-20　指定舵机 PWM 值

6.6.19　DO-REPEAT-SERVO 重复舵机

从舵机中立行程到指定的 PWM 间重复舵机来回移动几次。下面范例，第八通道的舵机移动到 PWM 值为 1700，4s 后，回到中立点，然后再重复一遍，如图 6-21 所示。

Ser No：指定第几动舵机输出。
PWM：给舵机指定的 PWM 值。
Repeat #：重复几次。
Delay (s)：每次舵机转动后的延迟时间。

图 6-21 重复舵机

6.6.20 DO-DIGICAM-CONTROL 快门控制

按下相机快门 Camera Shutter 一次，如图 6-22 所示。

图 6-22 快门控制

复习与思考

6-1 无人机起飞过程具体如何操作？

6-2 无人机下降过程具体如何操作？

6-3 无人机俯冲过程具体如何操作？

6-4 无人机左偏航过程具体如何操作？

6-5 无人机 S 字形飞行具体如何操作？

6-6 无人机自动飞行的具体操作过程是什么？

6-7 常用的自动航线指令有哪些？

6-8 无人机自动起飞到 50m 后，飞向 A 点，再以曲线形式飞向 B 点，然后沿顺时针方向绕行 2 圈，最后执行返航，写出具体的航线命令。

6-9 无人机自动起飞到 110m 后，飞向 A 点，投掷救援物资后沿顺时针方向绕行 2 圈，在观察灾区情况后执行返航，写出具体的航线命令。

6-10 当无人机在飞行中遇到丢失 GPS 信号的情况，如何正确操作以避免炸机？

附录 A Pixhawk 标准参数

参数_功能_影响	参数_名称	参数_说明
Arming check（解锁检查）	(ARMING_CHECK)	允许启用或禁用接收机、加速度计、气压计和罗盘的解锁前自检。默认=启用
Acro Axis（特技轴）	(AXIS_ENABLE)	用于当杆释放时，特技模式是否保持当前角度的控制（Enabled=保持当前角度）。默认（Default）=启用
Battery Current Sensing Pin（电池电流传感引脚）	(BATT_CURR_PIN)	设置参数为 0～13，启用电池电流传感引脚对应 APM 板的 A0～A13。默认=A2
Battery Monitoring（电池监控）	(BATT_MONITOR)	启用/禁用电池的电压电流监控。默认=禁用
Battery Voltage Sensing Pin（电池电压传感脚）	(BATT_VOLT_PIN)	设置参数为 0～13，启用电池电压传感引脚，对应 APM 板的 A0～A13。默认=A1
Camera shutter (trigger type)（照相机快门（触发式））	(CAM_TRIGG_TYPE)	如何触发照相机快门。默认=舵机
第七通道选项	(CH7_OPT)	如果第七通道高于 1800 PWM，选择其功能。默认=保存 WP
第八通道选项	(CH8_OPT)	如果第八通道高于 1800 PWM，选择其功能。默认=保存 WP
Circle radius（圆弧半径）	(CIRCLE_RADIUS)	定义了在 Circle 模式下，无人机飞的圆形区域的半径。默认=10
Circle rate（转角速率）	(CIRCLE_RATE)	该模式下转弯的角速度，单位弧度每秒。正的表示顺时针转动，负的表示逆时针转动。默认=5
Compass Declination（磁偏角）	(COMPASS_DEC)	用来补偿真实的北方向和磁北方向的弧度角。默认=0.251（在我的区域）
Action to perform when the limit is breached（超出地理范围限制所执行的动作）	(FENCE_ACTION)	当超出地理围栏时，采取的动作（返航或降落或只是报告）。默认=返航或降落
Fence Maximum Altitude（地理围栏的最大高度）	(FENCE_ALT_MAX)	在触发地理围栏前，可以正常飞行的最大高度。默认=100

(续表)

参数_功能_影响	参数_名称	参数_说明
Fence enable / disable（启用/禁用地理围栏）	(FENCE_ENABLE/ FENCE_DISABLE)	围栏的启用（1）或禁用（0）。默认=禁用
Fence Type（围栏类型）	(FENCE_TYPE)	启用某些地理围栏类型，位掩码（无，高度，圆，高度和圆）。默认=高度和圆
Enable Optical Flow（启用光流）	(FLOW_ENABLE)	1=启用光流。默认=0=禁用
飞行模式 1	(FLTMODE1)	当第五通道 PWM 小于 1230 时启用此飞行模式。默认=自稳模式
飞行模式 2	(FLTMODE2)	当第五通道 PWM 大于 1230，且小于等于 1360 时启用此飞行模式。默认=自稳模式
飞行模式 3	(FLTMODE3)	当第五通道 PWM 大于 1360，且小于等于 1490 时启用此飞行模式。默认=自稳模式
飞行模式 4	(FLTMODE4)	当第五通道 PWM 大于 1490，且小于等于 1620 时启用此飞行模式。默认=自稳模式
飞行模式 5	(FLTMODE5)	当第五通道 PWM 大于 1620，且小于等于 1749 时启用此飞行模式。默认=自稳模式
飞行模式 6	(FLTMODE6)	当第五通道 PWM 小于 1750 时启用此飞行模式。默认=自稳模式
Frame Orientation（框架结构定位）（+, X 或 V）	(FRAME)	多轴无人机混合电机控制（并不适用于三旋翼及传统直升机）。默认=X
Battery Failsafe Enable（启用电池失效保护）	(FS_BATT_ENABLE)	当电池电压或电流过低时，控制无人机是否采取电源失效保护。默认=禁用
Ground Station Failsafe Enable（启用地面站失效保护）	(FS_GCS_ENABLE)	当无人机失去与地面站联系时间超过 5s 时，控制无人机是否采取失效保护（同时采取什么行为）。默认=禁用
GPS Failsafe Enable（启用电池失效保护）	(FS_GPS_ENABLE)	信号丢失时，控制无人机是否采取失效保护。默认=禁用
Throttle Failsafe Enable（启用油门失效保护）	(FS_THR_ENABLE)	油门失效保护，可以设置油门的输入通道，从而配置软件失效保护的激活。默认=禁用
Throttle Failsafe Value（启用油门失效保护阈值）	(FS_THR_VALUE)	第三通道的 PWM 水平，低于可触发油门失效保护值。默认=975
Land Speed（降落速度）	(LAND_SPEED)	最终着陆阶段的下降速度，以厘米每秒为单位。默认=50
Copter LED Mode（无人机 LED 模式）	(LED_MODE)	用位图控制无人机 LED 模式。默认=启用
Loiter Latitude Rate Controller D Gain（悬停纬度变化比例控制器 D 增益）	(LOITER_LAT_D)	悬停纬度变化比例控制器 D 增益短时间所需的速度和实际速度的变化补偿。默认=0.4

（续表）

参数_功能_影响	参数_名称	参数_说明
Loiter Longitude Rate Controller I Gain（悬停经度变化比例控制器 I 增益）	(LOITER_LAT_I)	悬停经度变化比例控制器 I 增益。纬度方向，长时间经度方向所需的速度和实际速度的差异补偿。默认=0.5
Loiter Longitude Rate Controller I Gain Maximum（悬停经度变化比例控制器 I 增益最大值）	(LOITER_LAT_IMAX)	悬停经度变化比例控制器 I 增益最大值限制了 I 增益输出的倾斜角度。默认=4.0
Loiter Longitude Rate Controller P Gain（悬停经度变化比例控制器 P 增益）	(LOITER_LAT_P)	悬停经度变化比例控制器 P 增益将所需的速度和实际速度之间的差异转换为在经度方向的倾斜角度。默认=1.0
悬停纬度变化比例控制器 D 增益	(LOITER_LON_D)	悬停经度变化比例控制器 D 增益。短时间所需的速度和实际速度的变化的补偿。默认=0.4
Loiter Longitude Rate Controller I Gain（悬停经度变化比例控制器 I 增益）	(LOITER_LON_I)	悬停经度变化比例控制器 I 增益纬度方向，长时间经度方向所需的速度和实际速度的差异补偿。默认=0.5
悬停经度变化比例控制器 I 增益最大值	(LOITER_LON_IMAX)	悬停经度变化比例控制器 I 增益最大值限制了 I 增益输出的倾斜角度。默认=4.0
悬停经度变化比例控制器 P 增益	(LOITER_LON_P)	悬停经度变化比例控制器 P 增益将所需的速度和实际速度之间的差异转换为在经度方向的倾斜角度。默认=1.0
Low Voltage（低电压）	(LOW_VOLT)	设置电压为你想要的低电压值。默认=10.5
启用罗盘	(MAG_ENABLE)	1=启用罗盘，0=禁用罗盘。默认=1 启用
Maximum Pan Angle（云台相机最大物理（偏航）角）	(MNT_ANGMAX_PAN)	云台相机机架最大物理（偏航）角，单位为度。默认=45
Maximum Roll Angle（最大 Roll 角）	(MNT_ANGMAX_ROL)	云台相机机架最大物理（偏航）角，单位为度。默认=45
Maximum Tilt Angle（最大倾斜角）	(MNT_ANGMAX_TIL)	云台相机机架最大倾斜角，单位为度。默认=45
Minimum Pan Angle（云台相机最小物理（偏航）角）	(MNT_ANGMIN_PAN)	云台相机机架最小物理（偏航）角，单位为度。默认=-45
Minimum Roll Angle（最小滚转角）	(MNT_ANGMIN_ROL)	云台相机机架最小滚转角，单位为度。默认=-45
Minimum Tilt Angle（最小倾斜角）	(MNT_ANGMIN_TIL)	云台相机机架最小倾斜角，单位为度。默认=-45
Mount Joystick Speed（操纵杆机架速度）	(MNTJSTICK_SPD)	0 表示位置控制，较小值表示低速，10 表示最大速度。默认=0
Mount Operation Mode（挂载操作模式）	(MNT_MODE)	相机或天线座的操作模式。默认=retract

(续表)

参数_功能_影响	参数_名称	参数_说明
Mount roll angle when in neutral position（在中立位置时，相机云台滚转角度）	(MNT_NEUTRAL_X)	在中立位置时，相机云台滚转角度。单位为度。默认=0
Mount tilt / pitch angle when in neutral position（中立位置相时，机云台倾斜/俯仰）	(MNT_NEUTRAL_Y)	在中立位置时，相机云台滚转角度。单位为度。默认=0
Mount pan / yaw angle when in neutral position（中立位置时，相机云台 pan/yaw）	(MNT_NEUTRAL_Z)	在中立位置时，相机云台滚转角度。单位为度。默认=0
Pan（yaw）RC 输入通道	(MNT_RC_IN_PAN)	控制相机云台 pan 移动的无线电通道。默认=0=禁用
Roll RC input channel（Roll RC 输入通道）	(MNT_RC_IN_ROLL)	控制相机云台 roll 移动的无线电通道。默认=0=禁用
Tilt (pitch) RC 输入通道	(MNT_RC_IN_TILT)	控制相机云台 pitch/titl 移动的无线电通道。默认=0=禁用
Mount roll angle when in retracted position（在收回位置，相机云台滚转的角度）	(MNT_RETRACT_X)	在收回位置时，相机云台滚转的角度。单位为度。默认=0
Mount tilt / pitch angle when in retracted position（在收回位置，相机云台倾斜/俯仰角度）	(MNT_RETRACT_Y)	在收回位置时，相机云台倾斜/俯仰角度。单位为度。默认=0
Mount yaw / pan angle when in retracted position（在收回位置，相机云台倾 yaw/pan 角度）	(MNT_RETRACT_Z)	在收回位置时，相机云台 yaw/pan 角度。单位为度。默认=0
Stabilize mount pan / yaw angle（自稳云台 pan/yaw 角度）	(MNT_STAB_PAN)	1=启用相对地球稳定偏航。默认=0=禁用
自稳云台 roll 角度	(MNT_STAB_ROLL)	1=启用相对地球稳定偏航。默认=0=禁用
Stabilize mount pitch/tilt angle（自稳 pitch/tilt 角度）	(MNT_STAB_TILT)	1 =启用相对地球稳定偏航。默认=0=禁用
飞手最大垂直速度	(PILOT_VELZ_MAX)	飞手可以请求的最大垂直速度，单位为厘米每秒。默认=250
Pitch Axis Rate Controller D gain（俯仰轴速度控制器 D 增益）	(RATE_PIT_D)	俯仰轴速度控制器 D 增益。补偿了短时间 pitch 所需要的速度与实际 pitch 速度的变化。默认=0.004
Pitch Axis Rate Controller I gain（Pitch 轴速度控制器 I 增益）	(RATE_PIT_I)	俯仰轴速度控制器 I 增益。修正长期俯仰所需要的速度与实际俯仰速度的差别。默认=0.05

(续表)

参数_功能_影响	参数_名称	参数_说明
Pitch Axis Rate Controller I gain Maximum（Pitch 轴速度控制器 I 增益最大值）	(RATE_PIT_IMAX)	Pitch 轴速度控制器 I 增益最大值。约束最大电动机的 I 增益输出。默认=500
悬停经度变化比例控制器 P 增益	(RATE_PIT_P)	Pitch 轴速度控制器 P 增益将所需的 Pitch 速度和实际 pitch 速度之间的差异转换为电机速度输出。默认=0.08
Roll 轴比例控制器 D 增益	(RATE_RLL_D)	Roll 轴变化比例控制器 D 增益。短时间所需的 Roll 和实际 Roll 的变化补偿。默认=0.004
Roll Axis Rate Controller I gain（Roll 轴比例控制器 I 增益）	(RATE_RLL_I)	Roll 轴比例控制器 I 增益修正长期俯仰所需要的 Roll 与实际 Roll 的差别。默认=0.05
Roll Axis Rate Controller I gain Maximum（Roll 轴比例控制器 I 增益最大值）	(RATE_PIT_IMAX)	Roll 轴比例控制器 I 增益最大值约束最大电动机的 I 增益输出。默认=500
Roll Axis Rate Controller P gain（Roll 轴比例控制器 P 增益）	(RATE_RLL_P)	Roll 轴比例控制器 P 增益将所需的 roll 和实际 roll 之间的差异转换为电机速度输出。默认=0.08
Yaw Rate Controller D Gain（Yaw 比例控制器 D 增益）	(RATE_YAW_D)	Yaw 轴变化比例控制器 D 增益。短时间所需的 Yaw 和实际 Yaw 的变化补偿。默认=0.00
Yaw Axis Rate Controller I gain（Yaw 轴比例控制器 I 增益）	(RATE_YAW_I)	Yaw 轴比例控制器 I 增益修正长期俯仰所需要 Yaw 与实际 Yaw 的差别。默认=0.015
Yaw 轴变化比例控制器 I 增益最大值	(RATE_YAW_IMAX)	Yaw 轴变化比例控制器 I 增益最大值约束最大电动机的 I 增益输出。默认=800
Yaw Axis Rate Controller I gain（Yaw 轴比例控制器 P 增益）	(RATE_YAW_P)	Yaw 比例控制器 P 增益。将所需的 Yaw 和实际 Yaw 之间的差异转换为电机速度输出。默认=0.2
Servo out function（舵机输出功能）	(RC10_FUNCTION)	除 0 以外的任何数值皆有其相对应的功能。默认=0=禁用
Servo out function（舵机输出功能）	(RC11_FUNCTION)	除 0 以外的任何数值皆有其相对应的功能。默认=0=禁用
Servo out function（舵机输出功能）	(RC12_FUNCTION)	除 0 以外的任何数值皆有其相对应的功能。默认=0=禁用
Servo out function（舵机输出功能）	(RC5_FUNCTION)	除 0 以外的任何数值皆有其相对应的功能。默认=0=禁用
Servo out function（舵机输出功能）	(RC6_FUNCTION)	除 0 以外的任何数值皆有其相对应的功能。默认=0=禁用
Servo out function（舵机输出功能）	(RC7_FUNCTION)	除 0 以外的任何数值皆有其相对应的功能。默认=0=禁用
Servo out function（舵机输出功能）	(RC8_FUNCTION)	除 0 以外的任何数值皆有其相对应的功能。默认=0=禁用
Servo out function（舵机输出功能）	(RC9_FUNCTION)	除 0 以外的任何数值皆有其相对应的功能。默认=0=禁用
Receiver RSSI Sensing Pin（接收机 RSSI 传感器引脚）	(RSSI_PIN)	选择一个模拟引脚作为接收机 RSSI 的电压。假定最高电压 5V，最低电压 0V。默认=禁用
返航高度	(RTL_ALT)	无人机返回"家"之前的最低高度。设置为 0 以当前高度返回。默认=15.00

(续表)

参数_功能_影响	参数_名称	参数_说明
最终返航高度	(RTL_ALT_FINAL)	在回家的最终阶段或是完成一个任务后,无人机将会到达的高度。设置0为降落。默认=2.0
返航悬停时间	(RTL_LOIT_TIME)	在最终下降之前在家的位置上方悬停的时间,以毫秒为单位。默认=5000.00
Telemetry Baud Rate(数传波特率)	(SERIAL3_BAUD)	通过遥测端口设置波特率。默认=57600
Enable SONAR(启用声呐)	(SONAR_ENABLE)	1=启用声呐。默认=0=禁用
声呐增益	(SONAR_GAIN)	当无人机下面相对位置改变了,用于调整速度使无人机达到目标高度,从而改变了目标高度。默认=0.200
声呐类型	(SONAR_TYPE)	设置声呐类型。默认=XL-EZ0
启用超简单模式	(SUPER_SIMPLE)	1=启用超简单模式。默认=0=禁用
Telemetry Startup Delay(遥测启动延迟)	(TELEM_DELAY)	长延时(单位秒)用于延时数传,以保护开机时XBee bricking。默认=0
Enable Accel based Throttle controller(启用基于Accel油门控制器)	(THR_ACC_ENABLE)	这允许启用和禁用基于加速度计的油门控制器。如果禁用,将启用基于velocity的控制器。默认=启用
Maximum Throttle(最大油门)	(THR_MAX)	最大油门会被输入到电机。默认=1000
Throttle Mid Position(中间油门)	(THR_MID)	当油门推杆在中间位置,油门输出(0~1000)。用于手动油门,继而油门推杆回中后可保持接近悬停油门大小。默认=500
Minimum Throttle(最小油门)	(THR_MIN)	最小油门会被输入到电机,维持旋转。默认=130
第六通道调试	(TUNE)	发射器第六通道,选择控制哪个参数(一般说来是PID gains)被调试。默认=CH6_NONE=禁用
Waypoint Acceleration(航点加速度)	(WPNAV_ACCEL)	定义了水平加速度,单位厘米每二次方秒,在"自动"任务中。默认=250
Loiter Horizontal Maximum Speed(悬停水平最大速度)	(WPNAV_LOIT_SPEED)	定义了在悬停模式中,无人机水平飞行的最大速度。默认=750
Waypoint Radius(航点半径)	(WP_RADIUS)	定义当超过航点时应该返回的距离。单位为米。默认=2
Waypoint Horizontal Speed Target(朝目标水平速度)	(WPNAV_SPEED)	定义了无人机在WP任务中尝试保持水平速度,单位为厘米每秒。默认=500
Waypoint Descent Speed Target(朝目标下降速度)	(WPNAV_SPEED_DN)	定义了无人机在WP任务中尝试保持上升速度,单位为厘米每秒。默认=500
Waypoint Climb Speed Target(朝目标上升速度)	(WPNAV_SPEED_UP)	定义了无人机在WP任务中尝试保持下降速度,单位为厘米每秒。默认=250

附录 B 硅胶线参数

额定电压	600V		试验电压		2000V		
温度范围	−60℃～200℃		导体		镀锡铜线		
外径容差	0.1mm		绝缘体		Silicone		
使用范围	适用于各种电子电机、工业机器、电动模型、航模、车模、电池、电调、马达等的连接绝缘						
导体			绝缘体		电气特性	截面积 mm×mm	承受电流（A）
线号 AWG	线径（mm）	直径（mm）	被覆厚度（mm）	完成外径（mm）	导体电阻（Ω/km）		
6号	3200/0.08	5.2	1.65	8.5	1.2	16.08	230
7号	2400/0.08	4.6	1.5	7.2	1.2	12.08	205
8号	1650/0.08	3.75	1.2	6.5	4.2	8.29	190
10号	1050/0.08	3.06	1.2	5.5	6.3	5.3	140
12号	680/0.08	2.48	1	4.5	9.8	3.4	88
14号	400/0.08	1.78	0.9	3.5	15.6	2.07	55.6
16号	252/0.08	1.53	0.8	3	24.4	1.27	35
18号	150/0.08	1.19	0.55	2.3	39.5	0.75	22
20号	100/0.08	0.92	0.50	1.8	62.5	0.5	13.87
22号	60/0.08	0.78	0.30	1.7	88.6	0.33	8.73
24号	40/0.08	0.61	0.20	1.6	97.6	0.2	5
26号	30/0.08	0.46	0.15	1.5	123	0.14	3.5
28号	16/0.08	0.32	0.08	1.2	227	0.08	1.2
30号	11/0.08	0.30	0.05	0.8	331	0.06	0.8

附录 C 常用接口参数

接口名称	作　　用	允许流过的电流
迷你 T 插接口	用作电源接入，电流较小，为了防止极性接反	10A
T 插接口	用作电源接入，电流适中，为了防止极性接反	50A
XT30 接口	用作电源接入，电流较小，为了防止极性接反	15A
XT60 接口	用作电源接入，电流适中，为了防止极性接反	80A
XT90 接口	用作电源接入，电流较大，为了防止极性接反	90A
XT150	用作电源接入，电流很大，为了防止极性接反	100A
EC2	用作电源接入，电流较小，为了防止极性接反	20A
EC3	用作电源接入，电流适中，为了防止极性接反	30A
EC5	用作电源接入，电流较大，为了防止极性接反	50A
JST	小型设备电源接入，电流较小，防止电源接反	5A
0.8mm 香蕉插头	设备之间电气连接，不具备防电源接反功能	10A
2mm 香蕉插头	设备之间电气连接，不具备防电源接反功能	20A
3mm 香蕉插头	设备之间电气连接，不具备防电源接反功能	30A
3.5mm 香蕉插头	设备之间电气连接，不具备防电源接反功能	35A
4mm 香蕉插头	设备之间电气连接，不具备防电源接反功能	40A
5mm 香蕉插头	设备之间电气连接，不具备防电源接反功能	60A
5.5mm 香蕉插头	设备之间电气连接，不具备防电源接反功能	80A
6mm 香蕉插头	设备之间电气连接，不具备防电源接反功能	100A
6.5mm 香蕉插头	设备之间电气连接，不具备防电源接反功能	120A
8mm 香蕉插头	设备之间电气连接，不具备防电源接反功能	150A
AS150 防打火插头	大型设备电源接入，电流大、防反接、防打火	150A

附录 D 常用电机参数

品牌	型号	KV 值	尺寸（L×H）	轴径	质量	适用电池
朗宇	X2204	KV1480～1800	27mm×20.4mm	3mm	19.6g	2～3S
朗宇	X2206	KV1500～1900	27mm×22.5mm	3mm	25.2g	2～3S
朗宇	X2208	KV1100～2600	27.5mm×25mm	3.17mm	46g	2～4S
朗宇	X2212	KV980～2450	27.7mm×30mm	3mm	55g	2～4S
朗宇	X2216	KV880～2400	27.7mm×32mm	3.17mm	68g	2～4S
朗宇	X2814	KV900～1250	35mm×36mm	4mm	108g	3～4S
朗宇	X2820	KV800～1100	35mm×42mm	5mm	143g	3～5S
朗宇	X2826	KV550～880	35mm×48mm	5mm	171g	3～6S
朗宇	X3114	KV900～1100	37.7mm×33.5mm	4mm	114g	3～4S
朗宇	X3120	KV800～1100	37.7mm×39.5mm	4mm	149g	3～4S
朗宇	X3520	KV520～720	42.5mm×45mm	5mm	208g	4～6S
朗宇	X3525	KV520～880	42.5mm×50mm	5mm	252g	4～6S
朗宇	X1306S	KV3100	17.7mm×14.5mm	4mm	11.5g	2S
朗宇	X1806S	KV2000～2300	23mm×17mm	5mm	20.5g	2～3S
朗宇	X2204S	KV2300	27mm×14.6mm	3mm	25g	2～4S
朗宇	X2207S	KV2100～2700	27.5mm×20mm	5mm	34g	2～4S
朗宇	X2412S	KV980	29.2mm×28.5mm	4mm	62g	3～4S
朗宇	X3108S	KV720～900	37.8mm×26.5mm	4mm	81g	3～4S
朗宇	X3508S	KV380～700	42mm×26.5mm	4mm	106g	4～6S
朗宇	X4108S	KV380～690	46.1mm×25.5mm	3.17mm	110g	4～6S
朗宇	X4110S	KV340～680	48.2mm×30.5mm	4mm	148g	4～6S
朗宇	X4112S	KV320～485	46.5mm×32.5mm	4mm	152g	4～6S
朗宇	M5308	KV450	60.7mm×29.5mm	4mm	195g	6S
朗宇	M5312	KV390	60.7mm×33.5mm	4mm	262g	6S
朗宇	M80	KV110～190	88.6mm×31.5mm	10mm	356g	6～12S
朗宇	M80L	KV100	88.6mm×43mm	10mm	585g	6～12S

*电机型号繁多，本书以朗宇部分电机型号为例，不同品牌之间存在部分差异，详细请查看电机具体说明文件。

附录 E Pixraptor 引脚接线定义

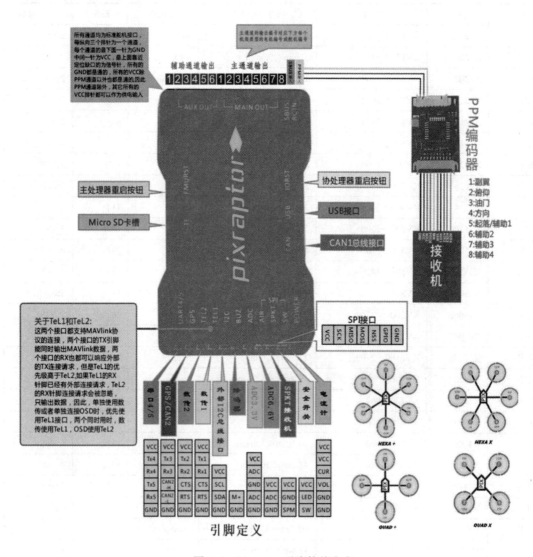

图 E-1 Pixraptor 引脚接线定义